RETOS MATEMÁTICOS

Desafíos y juegos para la mente

Martin Gardner

SECRETOS MATEMÁTICOS DE ALTOS VUELOS

SALVAT

Los acertijos matemáticos son tan antiguos como la propia historia de la humanidad. Arquímedes, Flavio Josefo, Carlomagno y tantos otros personajes célebres eran aficionados a ellos. Esta colección pone a tu alcance algunos de los juegos de ingenio más bellos y entretenidos de la historia, además de una potente selección de problemas de lógica y enigmas numéricos a cargo de los matemáticos más prestigiosos de nuestro tiempo. Una invitación para que tu inteligencia y tus ganas de pasarlo bien se pongan a trabajar juntas. ¿Aceptas el desafío?

Título original en inglés: *The magic numbers of Dr. Matrix*
Traducción: Daniel Zadunaisky

C/Amigó, 11, 5º planta
08021 Barcelona, España

ISBN Colección: 978-84-471-3806-7
ISBN Tomo: 978-84-471-3821-0
Depósito legal: B 28587-2017

Impreso en España

Servicio de atención al cliente (solo para España)
Para cualquier consulta relacionada con la obra:
Tel.: 900 842 421, de 9 a 19 h, de lunes a jueves; viernes de 9 a 16 h.
Fax: 93 814 15 69
Correo: C/ Amigó, 11, 5.º planta. 08021 Barcelona, España.
Web: www.salvat.com
E-mail de atención al cliente: infosalvat@salvat.com

Departamento de suscripciones (solo para España)
Tel.: 900 842 840, de 9 a 19 h, de lunes a jueves; viernes de 9 a 16 h.
Fax: 93 814 15 69
Web: www.salvat.com

Distribución España
Logista Publicaciones
C/ Trigo 39, Polígono industrial Polvoranca
28914 Leganés (Madrid)

Distribución Argentina
Distribuidor en Cap y GBA: Distribuidora Rubbo
Río Limay 1600. C.A.B.A.
Tel.: 4303 6283 / 6285

Interior: Distribuidora General de Publicaciones S.A.
Alvarado 2118 C.A.B.A
Tel.: (11) 4301-9970
E-mail: dgp@dgpsa.com.ar

Importador: Brihet e Hijos S.A.
Agustín Magaldi 1448 C.A.B.A
Tel.: (11) 4301-3601
Horario de atención: 9 a 17:30 h
E-mail: ventas@brihet.com.ar
Web: www.brihet.com.ar

Distribución México
Distribuidora Intermex S.A. de C.V.
Lucio Blanco n.º 435
Col. San Juan Tlihuaca
Azcapotzalco
CP 02400 Ciudad de México
Tel.: 52 30 95 00

Distribución Perú
PRUNI SAC
Av. Nicolás Ayllón 2925 Local 16A
El Agustino - Lima
e-mail: suscripcion@pruni.pe
Tel.: (511) 441-1008

ÍNDICE

RESPUESTAS Y COMENTARIOS

Para Tom, mi hijo número dos

INTRODUCCIÓN

Mi amistad con el difunto doctor Irving Joshua Matrix y su hija Iva abarcó un lapso de unos veinte años. Escribí sobre él por primera vez en mi columna «Mathematical Games» en la edición de enero de 1960 de *Scientific American*. Con gran tristeza y resonancias del célebre homenaje de Watson a su amigo Sherlock Holmes, mi columna de septiembre de 1980 resumió los escasos detalles conocidos acerca de su inesperado deceso.

La presente obra es la tercera recopilación de mis columnas sobre el doctor Matrix. Las primeras siete fueron recopiladas por la editorial Simon and Schuster en 1967 bajo el título de *The Numerology of Dr. Matrix*. Si se invierten los dígitos de 67 se obtiene la fecha de aparición de *The Incredible Dr. Matrix*, recopilación publicada por Scribner's que contenía a la primera. Tras un nuevo lapso de nueve años, gracias a la editorial Prometheus, he reunido *todas* mis columnas referidas a Matrix, desde nuestro primer encuentro en Manhattan hasta su muerte accidental en 1980, a orillas del Danubio.

En varias ocasiones, los matemáticos y otros lectores que conocen los extraordinarios pronósticos, análisis y juegos de palabras y números del doctor Matrix a través de mi columna me han pedido que divulgue su *curriculum vitae*. En las páginas que siguen trataré de satisfacerlos. La información se basa casi exclusivamente en mis conversaciones con Iva. Sepa el lector que, aparte de algunos hechos aislados, no he verificado la información.

El doctor Matrix nació el 21 de febrero de 1908 en Kagoshima, localidad de la isla japonesa de Kyushu. Su padre, el reverendo William Miller Bush, era misionero de la Iglesia Adventista del Séptimo Día y venía de una aldea del Estado de Arkansas, llamada Figure Five.[1] En 1908 se encontraba

1. Literalmente, Cifra Cinco. Esa localidad existe (N. del T.).

al frente de la misión adventista de Kagoshima. El joven Irving Joshua Bush, quien posteriormente adoptaría el apellido Matrix, era el menor de siete hermanos de los cuales, los cuatro últimos habían nacido en Kagoshima. Creía fervorosamente en las profecías bíblicas de la fe de sus mayores y, debido a su talento natural para la matemática, se interesaba principalmente por los aspectos numéricos de las mismas. A los siete años sorprendió a su padre al señalar que existen 1 Dios, 2 testamentos, 3 componentes en la Trinidad, 4 Evangelios, 5 libros de Moisés, 6 días de la creación y 7 dones del Espíritu Santo.

—¿Y el 8? —preguntó su padre.

—Doblemente agujereado —replicó el muchacho—. El 0, el 6, el 9 y a veces el 4 tienen un agujero cada uno, pero sólo el 8 tiene *dos* agujeros y por eso es santo.[2]

A los ocho años el joven Bush dedicaba la mayor parte de sus ratos de ocio a investigar los números que aparecen en diversos pasajes de la Biblia. Por ejemplo, el sexto versículo del capítulo 20 del primer libro de las Crónicas dice que el gigante de Gath tenía seis dedos en cada pie y en cada mano. No era casual, argumentaba el muchacho, que 20, el número del capítulo, fuera el número normal de dedos del hombre, en tanto 6, el número del versículo, se refiriera a la anormalidad del hombre de Gath. Además, agregaba, si asignáramos un valor numérico a cada letra de *Gath,* siendo *a* igual a 1, *b* igual a 2, *c* igual a 3 y así sucesivamente, la suma de los números sería 36, el cuadrado de 6.

Al cumplir nueve años el numerólogo en ciernes aplicó la misma técnica a su apellido, *Bush,* con lo que obtuvo los números 2, 21, 19 y 8, es decir, la fecha de su cumpleaños el vigesimoprimer día del segundo mes del año 1908. Consideró que esa asombrosa correlación era un buen augurio y señal de que su Dios le había deparado la misión de hacerse apóstol de la causa adventista.

En 1920, cuando Bush tenía trece años, esos planes se vieron bruscamente frustrados. En un rincón del escritorio de su padre encontró un ejemplar de la explosiva obra, *Life of Mrs. E. G. White, Seventh-Day Adventist Prophet: Her False Claims Refuted* (Cincinnati, Standard Publishing, 1919) (La

2. Juego de palabras con los términos *hole*, agujero, y *holy*, santo. El término que emplea el autor, *holiest*, significa el más agujereado y a la vez el más santo (N. del T.).

vida de la señora E. G. White, profetisa adventista del séptimo día: refutación de sus falsas afirmaciones).[3] Hondamente perturbado por las revelaciones del libro, en crisis con las posiciones fundamentalistas de sus padres, fugó del hogar y, con el tiempo, llegó a Tokio. Desde luego, hablaba el japonés y el inglés a la perfección.

Desde temprana edad el joven Bush demostró interés no sólo por los números sino también por la magia y el malabarismo. Un anciano japonés, amigo de su padre, que alguna vez había sido mago del varieté, le enseñó un poco de malabarismo y prestidigitación elemental, lo que le permitió ganarse la vida durante varios años en las calles de Tokio. Un célebre mago japonés llamado Tenkai, que lo vio actuar, lo contrató como ayudante. Posteriormente, pasados los veinte años, Bush recorrió el Japón con un espectáculo de adivinación del pensamiento. Para entonces había adoptado el seudónimo artístico de «doctor Matrix». En 1938 desposó a su ayudante, la señorita Eisei Toshiyori, hija de un equilibrista japonés. Su única hija nació al año siguiente.

La señora Matrix murió en 1942, durante el bombardeo de Tokio. Tras el brusco final de la guerra con Japón, el doctor Matrix se radicó en París e instaló un consultorio de astrología y numerología en la Rive Gauche que le granjeó bastante prestigio. Se dice —aunque el autor no ha podido corroborarlo— que Charles de Gaulle le consultó si debía designar a André Malraux ministro de Educación. La respuesta, afirmativa, basada en un cuidadoso análisis de las fechas de nacimiento y los nombres completos de los dos hombres, lo convenció. Durante su estancia en París el doctor Matrix entabló amistad con el célebre matemático francés Nicolás Bourbaki. Aunque había abandonado sus estudios al concluir el sexto grado en la escuela de la misión de Kagoshima, el doctor Matrix había profundizado por su propia cuenta sus estudios de teoría de números. Gracias al gran Bourbaki pudo avanzar aún más en esta rama fundamental de la matemática.

Al autor le hubiera gustado incluir en este libro una fotografía del doctor Matrix e Iva, pero desgraciadamente jamás permitían que se los fotografiara. Por otra parte, desde la muerte de su padre, no ha vuelto a recibir

3. A diferencia de las observaciones del autor, que van entre paréntesis, las del traductor irán siempre entre corchetes (N. del T.).

noticias de Iva. Tal vez, si lee estas líneas, se pondrá en contacto con el autor.

Martin Gardner
Hendersonville, Carolina del Norte

1
QUINTA AVENIDA

Después de la venta de Villa Cuadrado no volví a recibir noticias del doctor Matrix hasta el 4 de noviembre de 1968, la víspera de las elecciones. Iva me llamó para decirme que ella y su padre pasarían unos días en Nueva York. ¿Podríamos cenar juntos al día siguiente? Desde luego, acepté con gusto. Nos citamos para las 15 en la Promenade de Rockefeller Center, la calle peatonal que va de la Quinta Avenida hasta la estatua dorada de Prometeo, junto a la fuente de la plaza inferior.

Era una tarde gris, pero la temperatura era agradable. Cuando llegué, los encontré paseando en sentido contrario a las agujas del reloj por la ventosa Promenade, con sus macizos de flores. El doctor Matrix representaba al aspecto imponente de siempre: alto, canoso, ojos verdes que contemplaban todo con gran interés. Iva llevaba su cabellera negra recogida y fijada con *spray;* su minifalda al viento era el centro de todas las miradas masculinas. Nos besamos afectuosamente en las mejillas, y un exótico perfume impregnó mis fosas nasales.

Ocupamos un banco de madera frente a la librería francesa de la Promenade. Iva me dijo que acababan de volver de Djakarta, Indonesia: el gobierno había invitado a su padre a asesorarlo para poner en marcha el Hwa Hwee, la lotería de números de la ciudad. Recordé haber leído en el *New York Times* (domingo, 9 de junio de 1968) que, desde la legalización de ese antiguo juego chino de azar en Djakarta, a principios de 1968, los cuatro millones de habitantes de la ciudad estaban tan obsesionados con él que incluso habían olvidado los enormes problemas políticos y económicos del país.

Sin entrar en detalles sobre el complejo ritual, el Hwa Hwee consiste en lo siguiente. Todas las mañanas, a las 11, se elige en absoluto secreto un número del 1 al 36. Se encierra el número en un cilindro, el cual se guarda en una bolsa de tela roja; la bolsa cuelga del techo de una «sala de oración» budista en un pequeño salón de juegos del distrito chino de Glodok. Durante el día se difunden pistas enigmáticas. Se reciben apuestas hasta las 23. A las 24 en punto, mensajeros especiales recorren la ciudad en motocicleta gritando «¡Hwa Hwee!» y el número ganador. La apuesta mínima es de 250 rupias (unos 75 centavos de dólar) y el juego paga 25 a 1. La ciudad invierte la mayor parte de sus enormes ganancias en la construcción de escuelas. Durante tres meses el doctor Matrix trabajó con Tan Eng Giap, el autor de las pistas que se difunden durante el día, para elaborar métodos tendientes a evitar las trampas y desalentar el «Hwa Hwee negro», garitos clandestinos que aparecían en los barrios pobres de la gran ciudad.

—El señor Giap, cuyas iniciales invertidas forman GET (conseguir), es un hombre astuto —dijo el doctor Matrix—. Lo conocí hace años, cuando era crupier de un garito clandestino de Djakarta. Sus pistas son verdaderamente ingeniosas.

—Me gustaría quedarme un rato más —dijo Iva al pararse—, pero debo hacer algunas compras. Nos veremos en un par de horas. Hágame acordar que le cuente los problemas que tuvimos en Chicago, donde la mafia contrató a papá para montar su propia lotería.

—Me imagino —dijo el doctor Matrix cuando Iva hubo partido— que usted querrá un pronóstico de los resultados electorales.

—Es precisamente lo que iba a pedirle.

—No cabe duda de que Nixon será el 37° presidente. Observe que 37 es un número primo.[1] Lo menciono porque el único presidente cuáquero hasta la fecha fue Herbert Hoover, quien también fue el último en ocupar un número primo en el orden de sucesión: el 31°.

Empecé a tomar apuntes mientras el doctor Matrix desarrollaba su análisis.

—La gran ventaja de Nixon es que su apellido termina con *on*. Anteriormente, de George Washington a Lyndon Johnson, hubo nueve presidentes *on* contra un solo *ey*, William McKinley. Nixon es consciente de esta ventaja,

---

1. La numerología del 37 está desarrollada en Trigg, C. W.: «A Close Look at 37», *Journal of Recreational Mathematics*, 2 (1969), págs. 117-128.

por eso su eslogan electoral es «Nixon's the *one*» (Nixon es el único). Wallace obtendrá un buen resultado porque, al igual que muchos presidentes de este siglo, tiene la letra doble. Humphrey obtendrá más votos de lo que cabría esperar debido a sus iniciales HHH, vertical y especularmente simétricas. Para colmo, la H es la octava letra del alfabeto, y el 888 presenta el mismo tipo de simetría. Los tres ochos suman 24, lo mismo que los dígitos de 1968. Desgraciadamente, esto no basta para contrarrestar la ventaja del *on* sobre el *ey*.

—¿No le llama la atención —dije— que los últimos dos candidatos por fuera de los partidos tradicionales se llamaran Wallace? Henry Wallace, izquierdista, en 1948. George Wallace, derechista, veinte años después.

—Paralelo a esto —dijo el doctor Matrix— tenemos la extraña inversión derecha-izquierda con los apellidos de Joseph McCarthy y Eugene McCarthy. Por otra parte, los nombres de pila de los dos Wallace forman Henry George, candidato a intendente de Nueva York en 1886 (y 86 es 68 al revés) con un programa basado en la creación de un impuesto único. Demasiado simplista, condenado a la derrota de antemano, igual que los dos Wallace.

Tras una serie de interesantes comentarios sobre los nombres de los tres candidatos presidenciales, que no reproduzco aquí por falta de espacio, el doctor Matrix me enseñó los siguientes juegos con palabras. Los había creado para que yo los empleara, dijo. Pertenecen a un tipo de juego denominado «paso del rey», muy comunes en los viejos libros de acertijos. Se trata de una matriz rectangular, dividida en celdas, con una letra en cada celda. Uno se desplaza de una celda a otra respetando los movimientos del rey en el ajedrez para descubrir un refrán o la mayor cantidad posible de nombres de flores o animales o lo que sea. La mayoría de estos juegos son más bien aburridos, pero el doctor Matrix había inventado una variante menos trivial. Se trata de escribir el nombre completo de una persona conocida, que en lo posible no contenga letras repetidas (aunque esta regla se puede obviar si se permite pasar dos veces por una misma celda) y diseñar un ordenamiento simétrico de celdas cuadradas que permita colocar las letras del nombre en un solo «paso del rey». Hay una restricción adicional: para obtener el número mínimo de celdas, es necesario que cada letra aparezca una sola vez.

El doctor Matrix me mostró dos hermosos ejemplos del juego (véase la Figura 1). En la matriz superior la línea indica cómo, a partir de la L y desplazándose a razón de una celda por vez en cualquier dirección (como el rey en el ajedrez) se puede deletrear LYNDON BAINES JOHNSON. La matriz inferior izquierda contiene las letras de HUBERT HORATIO HUMPHREY. ¿Puede el lector colocar las trece letras de RICHARD MILHOUS NIXON en las celdas de la matriz inferior derecha, de manera tal que un solo paso del rey recorra el nombre completo del presidente? (Véase Respuestas, Uno, I).

Figura 1. Tres matrices para formar nombres con «el paso del rey». Colóquense en los casilleros de la matriz inferior derecha las letras de RICHARD MILHOUS NIXON

—¿Leyó usted el sensacional ataque de Edward Jay Epstein contra Big Jim Garrison, el fiscal de Nueva Orleans, en el *New Yorker* (13/7/68)?[2] Explica cómo Garrison derivó el teléfono secreto de Jack Ruby en Dallas a partir del misterioso número 19106 en la libreta de Lee Harvey Oswald.

(Se reordenan los dígitos escribiendo sucesivamente el primero, el último, el segundo, el anteúltimo y finalmente el central, con lo cual se obtiene el 16901. Se le resta 1300, lo que da el 15601, el número del teléfono particular de Ruby).

—Como método numerológico es sumamente tosco —dijo el doctor Matrix con un brillo divertido en sus ojos color esmeralda—. Otro método más sencillo consiste en dividir el 19106 en 1-9-10-6. Luego se aplica el código de A igual a 0, B igual a 1, C igual a 2, etcétera, con lo que se obtienen las letras BJKG. La K sólo puede referirse a Kennedy, y BJG son las iniciales de Big Jim Garrison. También puede separar todos los dígitos, 1-9-1-0-6; con lo cual obtiene BJBAG, *Big Jim's Bag* (el arresto de Big Jim).

El mismo código, añadió el doctor Matrix, se puede aplicar al 18960, es decir, la diferencia entre el 191006 de Oswald y el 00416, el número de la celda de James Earley Ray antes de su fuga de la penitenciaría estatal de Missouri en 1967. 1-8-9-6-0 se convierte en BIGJA, el comienzo de Big James.

—Le escribiré a Mort Sahl —reí, mientras anotaba estos datos.[3]

Nos paramos y paseamos lentamente por la Quinta Avenida.

—El año próximo será interesante —dijo el doctor Matrix—; el 69 se puede invertir. Un número apropiado para finalizar la década de 1960, tan enfermiza y cargada de sexo. El revés del 69 es el 96, y sus nombres en inglés, SIXTY-NINE y NINETY-SIX, son anagramas.

En una vidriera vimos varios ejemplares de un reciente *best-seller: The Double Helix,* de James D. Watson.

—El premio Nobel 1962 fue compartido por Crick, Watson *and* (y) Wilkins —dijo el doctor Matrix, pensativo—. No sé si observó que *and es* DNA al revés.

---

2. Es la base del libro *Counterplot,* de Epstein, publicado por Viking en 1969.

3. En esa época el actor cómico Mort Sahl apoyaba enérgicamente la absurda teoría de Garrison (sobre una presunta conspiración detrás del asesinato de Kennedy (N. del T.).

Señalé los enormes números 666 en el Edificio Tishman, Quinta Avenida 666.

—¿Le sugiere algún comentario?

—Ya hemos hablado de la marca de la Bestia en el libro del Apocalipsis —suspiró—. Le digo con franqueza que el tema me aburre. Un numerólogo hábil, como yo, es capaz de deducir el 666 de cualquier nombre. Vea el caso de Vincent López, el director de orquesta con veleidades de numerólogo. (Véase López, V.: *Numerology: How to Be Your Own Numerologist*, Citadel Press, 1961). Una vez para divertirme, numeré las letras al revés: la Z era 101, la A 126. Los valores de las letras de V. LOPEZ son 105, 115, 112, 111, 122, 101. La suma es 666. Mi nombre completo es Irving Joshua Matrix: cada nombre tiene seis letras. Mi segundo nombre, así como la clave de mi verdadera identidad, aparecen en el versículo seis del capítulo seis del sexto libro de la Biblia. Es ingenioso, pero trivial.

—Recuerdo que una vez me dijo —comenté mientras aguardábamos que el semáforo de la calle 52 nos diera paso— que cada entero posee propiedades numerólogicas particulares.

—En efecto.

—¿Y éste? —pregunté, señalando el letrero de la esquina.

—Es el número de naipes en un mazo —respondió sin vacilar—, y el número de semanas en el año. Le sorprenderá saber que los nombres de los naipes en inglés contienen, sumados, 52 letras. Los cuatro palos corresponde a las cuatro estaciones, las doce figuras a los doce meses. Si suma los valores de los 52 naipes, más 1 por el comodín, el resultado es 365, como los días del año.[4]

Alcé mi lápiz para señalar un cartel que decía: «Abierto de lunes a viernes de 9 a 5» y le pregunté qué podía deducir.

—Nueve sobre cinco, es decir 9/5, más la raíz cuadrada de 9/5, es igual a 3,1416+; notable aproximación a pi, ¿no le parece? Eso lo descubrió mi amigo Fitch Cheney el año pasado. Dígale a sus lectores que si escriben los tres primeros dígitos de pi, 314, trazando el cuatro de manera que sus dos trazos no horizontales se unan en la cima, y lo miran al espejo, recibirán una agradable sorpresa.

4. El número 52 cumple el importante papel numerológico en *Lolita*, de Vladimir Nabokov. Véanse las notas 253/14 y 253/15 en Alfred Appel ed.: *The Annotated Lolita* (Nueva York, McGrawHill, 1970).

Al llegar a la calle 57 cruzamos la avenida y entramos a la joyería Tiffany's.

—Iva llegará dentro de diez minutos —dijo el doctor Matrix, tras consultar su reloj—. Le compré una pulsera especial para su cumpleaños.

La pulsera, realizada por Tiffany's a pedido del doctor Matrix, contenía dieciséis cuentas esféricas del mismo tamaño, ocho de jade y otras tantas de perla. Pero la perla y el jade no estaban alternados, sino dispuestos aparentemente al azar (véase la Figura 2).

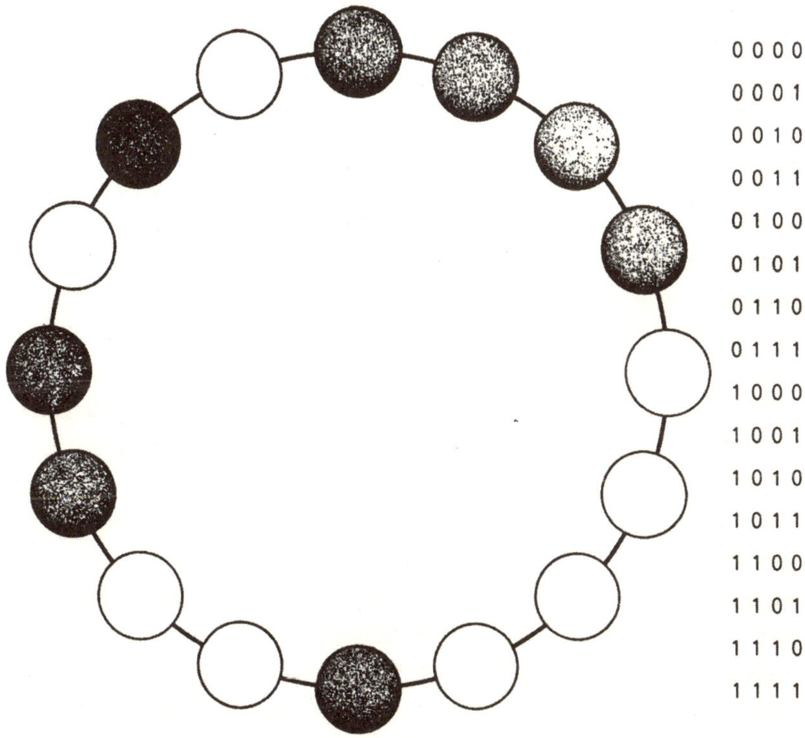

Figura 2. Pulsera combinatoria de dieciséis cuartetos de cuentas de jade (1) y perla (0)

—¿Comprende con qué criterio están ordenadas? —preguntó el doctor Matrix.

Estudié la pulsera durante varios minutos y finalmente debí reconocer que no percibía ningún orden.

Cuando tira una moneda *n* veces, me explicó el doctor Matrix, el número de resultados, todos igualmente probables, es igual a 2 elevado a la *n*. Con dos tiros hay cuatro resultados posibles: cara-cara, cara-cruz, cruz-cara y cruz-cruz. Tres tiros dan ocho resultados, cuatro dan dieciséis y así sucesivamente. Este mismo criterio se aplica a las distintas maneras de disponer una serie de *n* cuentas en hilera cuando cada cuenta es de uno de dos colores. Esto plantea un interesante problema combinatorio. ¿Es posible disponer 2 elevado a la *n* cuentas en círculo, la mitad de un color y la mitad de otro, de manera tal que todas las combinaciones n-tuples posibles estarán representadas por *n* cuentas adyacentes a medida que se recorre el círculo?

La respuesta es sí. Para *n* igual a 2 existe una sola solución (Figura 3). Recorriendo el círculo en cualquier dirección, tomando dos cuentas por vez; se obtienen los cuatro dobletes posibles. Para *n* igual a 3 también existe una sola solución. Al recorrer el círculo en cualquier dirección, tomando tres cuentas adyacentes por vez, se obtienen los ocho tripletes posibles. Desde luego que se puede disponer las cuentas en orden inverso, pero esto no se considera una solución distinta, porque consiste simplemente en dar vuelta la pulsera o recorrer el círculo en la dirección contraria. Se podría pensar que la solución «complementaria» de ésta —sustituir cada cuenta blanca por una de color y viceversa— es distinta, pero en realidad se obtendría una pulsera idéntica a la que muestra la figura.

La pulsera menor que contenga todos los cuartetos posibles de cuentas de jade y de perla deberá tener 24, es decir, 16 cuentas. Ésa era la pulsera que el doctor Matrix le regalaría a Iva. Si recorre la pulsera en cualquiera de las dos direcciones (Figura 2), tomando cuatro cuentas por vez, hallará las 16 combinaciones de 1 y 0 (1 representa el jade y 0 la perla, o viceversa); las dieciséis disposiciones corresponden a las formas binarias de los números 0 a 15.

La solución que se obtiene por inversión del orden de las cuentas no es nueva. En cambio, la complementaria (el intercambio de colores) sí lo es. Existen ocho soluciones distintas al problema de cómo ordenar los cuartetos, incluyendo los complementos, pero excluyendo las inversiones. El lector ya conoce dos: la que se ve en la figura y su complemento. ¿Será capaz de hallar las seis restantes? (Véase Respuestas, Uno, II).

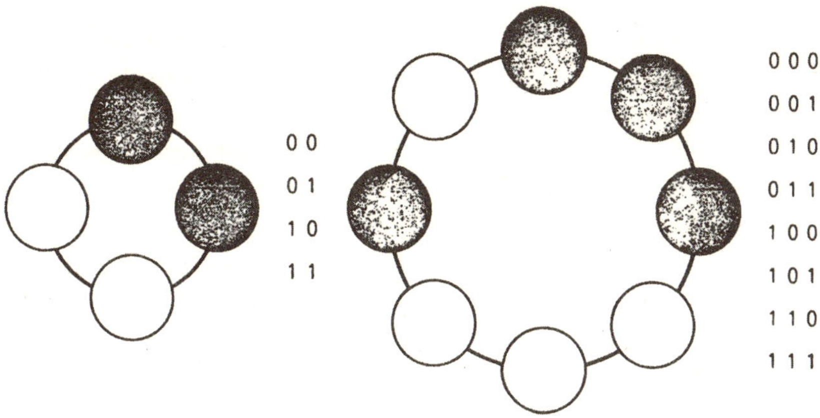

Figura 3. Pulseras combinatorias de dobletes (izquierda) y tripletes (derecha)

En la concurrida acera de Tiffany's, mientras Iva admiraba su pulsera, el doctor Matrix extendió su diestra.

—Tengo un compromiso —dijo—. Lamento que no podré pasar la velada con ustedes.

—Yo también lo lamento —respondí con absoluta falta de sinceridad.

2
LA LUNA

Tras el histórico alunizaje de la misión *Apolo 11* en julio de 1969, se me ocurrió que el doctor Matrix podría hacer algunos comentarios interesantes al respecto y a la vez brindarme algunos datos sobre el final de la década de 1960-1969. Envié una carta a su última dirección pero el peripatético doctor y su hija Iva habían partido y se desconocía su paradero. Mi carta recorrió cinco direcciones en ciudades europeas y asiáticas hasta que finalmente lo alcanzó.

Le había formulado una serie de preguntas. Las transcribo a continuación, junto con una versión levemente abreviada y corregida de las respuestas del gran numerólogo.

PREGUNTA: ¿Ha descubierto usted rasgos numerológicos notables en la misión *Apolo 11?*

DOCTOR MATRIX: El símbolo clave del «moon landing» (alunizaje), frase de 11 letras, es, desde luego, el 11. Lo podemos interpretar de dos maneras: como un número once o como un par de números uno.

Empecemos con el 11. La undécima letra del alfabeto griego es la *k.* No es casual que el presidente Kennedy iniciara el proyecto Apolo, ni que el *Apolo 11* fuera lanzado de cabo Kennedy. El 11 es el menor factor primo de 1969. El alunizaje se efectuó en el Mar de la Serenidad, cuyo nombre en inglés, *Tranquility,*[1] tiene once letras. El primer mensaje que llegó desde el suelo lunar fue la frase de Neil Armstrong, «Un pasito de este

---

1. De acuerdo con la grafía empleada y preferida por la NASA y el *New York Times.*

hombre, un gran salto de la humanidad», que contiene exactamente 11 palabras. (Armstrong aclaró luego que había dicho «del hombre», pero el poder del 11 es tal, que la frase recibida decía «de este»). Armstrong tenía en ese momento 38 años, y 3 más 8 es igual a 11. Cuando los tres exploradores de la Luna acuatizaron en el Pacífico, cayeron a 11 millas del buque de rescate, el portaaviones *Hornet.* Allí les entregaron medallas que decían *«Hornet plus three»* (Hornet más tres). Las seis letras de HORNET y las cinco de THREE suman 11. Son sólo algunos de los 11 en el vuelo del *Apolo 11.*

Ahora, si consideramos al 11 como un par de unos, tenemos el símbolo de los dos primeros hombres que pisaron la Luna. La *a* es la primera letra del alfabeto. No es casual, entonces, que los apellidos de los dos primeros hombres que dejaron sus huellas en la Luna empiecen con A: Armstrong y Aldrin. La *A* aparece dos veces en NASA. Si escribimos Neil Arm Strong Astronauta tenemos un acróstico de NASA.

La ingeniosa frase palindrómica rusa A LUNA KANULA, «la Luna desapareció», de Andrei Voznesensky *(New York Times,* 21/7/69) tiene por objeto, según el poeta, viajar letra por letra ida y vuelta entre la Luna y la Tierra. El palíndroma contiene 11 letras, entre ellas cuatro *a* y las dos *l* del nombre inglés *Apollo.* La segunda inicial de Armstrong es *A.*, por consiguiente los primeros hombres que pisaron la Luna reunían tres iniciales *A.* La cuarta *A* del palíndroma corresponde a Andrei. También aparecen tres *a* en United States of America. Quizá fue la doble *A* de las iniciales de Armstrong, simbolizadas por el 11, lo que determinó que fuera él quien pisó la Luna por primera vez.

Edwin Aldrin (11 letras) tiene como segunda inicial la *E.*, lo cual nos da dos iniciales *E.* Ya vimos con qué «elegancia» Aldrin paseó por el suelo lunar. Su hijo menor, Andrew, tiene 11 años y sus iniciales son *AA.* El apellido de soltera de la madre del Edwin Aldrin era Moon (Luna). El coronel Michael Collins (Mike Collins tiene 11 letras) permaneció a bordo del módulo de comando.

¿Es casual que tanto COMANDO como COLUMBIA, el nombre de su nave, empiecen con *c*?

Al momento de escribir estas líneas ya se prepara el *Apolo 12* para noviembre. Los astronautas que pisarán la Luna son Alan L. Bean y Charles Conrad. Es decir, después de las *a* de *Apolo 11* vendrán la *b* y la *c* de *Apolo*

12. La misión *Apolo 12* será tan sencilla como el *ABC*, pero *Apolo 13* plantea graves peligros debido al infausto número.[2]

Para finalizar, tal vez a sus lectores les interese hallar la palabra de 11 letras que se puede formar reordenando las de ANOTAS RUTAS.[3] (Véase Respuestas, Dos, I).

PREGUNTA: ¿Conoce algún problema digital relacionado con la exploración del espacio?

DR. MATRIX: Cuando los tres astronautas volvieron a tierra el vicepresidente Agnew propuso que se iniciaran planes para enviar hombres a Marte antes del año 2000. Es significativo, desde el punto de vista numerológico, el hecho de que no hay letras repetidas entre las diez que forman SPIRO AGNEW. Multiplíquese SPIRO por el número místico 7 —los siete días de la semana de la creación, mencionada por el presidente Nixon en su cálida acogida a los astronautas cuando retornaron en julio, el séptimo mes— y sea el producto AGNEW. (Así tenemos 11 símbolos en total). El criptograma numérico se escribe así:

$$\begin{array}{r} \text{S P I R O} \\ 7 \\ \hline \text{A G N E W} \end{array}$$

Si cada letra representa un dígito distinto y, como es costumbre en estos problemas, ninguno de los dos números de 5 dígitos empieza con 0, este criptograma numérico admite una sola solución. Creo que a sus lectores les fascinará hallarla. A primera vista, se comprende que la *S* representa el 1, caso contrario el producto tendría más de cinco dígitos. Por eso mismo la *P* debe representar 0, 2, 3 ó 4. Al profundizar en el problema se advierte que la *A* debe ser 7, 8 ó 9 y que la O no puede ser 0, 1, 3 ni 5 (ya vimos que la *S* es 1; si fuera 3, la *W* sería necesariamente 1; si fuera 0 ó 5, la *O* y la *W* representarían el mismo número). A partir de aquí el problema se complica,

2. Los números 11, 12 y 13 cumplieron papeles cruciales en la frustrada misión Apolo 13, según me informó el doctor Matrix. El lanzamiento fue el *11* de abril de 1970. Los nombres de cada uno de los tres astronautas —James A. Lovell, Fred W. Haise, Jr. y John L. Swigart— tienen *12* letras. El *13* de abril la misión quedó interrumpida debido a la explosión de un tanque de oxígeno y la tripulación volvió a tierra. JAMES, FRED y JOHN suman 13 letras.

3. Adaptado del original (N. del T.).

pero se puede resolver fácilmente sin ayuda de una computadora. Si el multiplicador es 0, 1 ó 6 no existe más de una solución. (Véase Respuestas, Dos, II).

PREGUNTA: Al finalizar 1969 terminará la década de 1960. ¿Tiene algún comentario numerológico que hacer?

DR. MATRIX: En una de sus columnas usted citó mi frase de que los decimales de pi contienen toda la historia de la raza humana. La década de 1960 se caracterizó por su variedad y cambios sin precedentes. Los decimales de pi, del 60° al 69° son 4592307816.

¿Cuál es la particularidad del 4592307816? ¡Es la primera serie de diez dígitos consecutivos de pi en la cual no se repiten los dígitos! Si los dos primeros aparecieran en orden inverso, los pares y los impares se alternarían en toda la serie. El 70° decimal es 4, el mismo que inicia la serie. Vaticino que en 1970 se producirá un acontecimiento importantísimo vinculado con el número 4, estrechamente relacionado con un 4 de 1960.[4]

Donald E. Knuth, experto en computación, ha señalado otro hecho extraordinario, que refuerza mi interpretación de los decimales 60-69 de pi. Los decimales 1960 a 1969 son 5739624138. Aquí no aparece el 0 debido a la repetición del 3, pero sí todos los dígitos del 1 al 9. La probabilidad de hallar los diez dígitos en una sucesión de diez dígitos al azar equivale, según Knuth, a $10!/10^{10}$, es decir, 0,00036288. Lógicamente, la probabilidad de que ello suceda en los decimales 60 a 69 de pi no es demasiado baja, pero si lo suficientemente como para merecer un cuidadoso estudio.

Los decimales 70 a 79 son casi tan interesantes como los anteriores: 4062862089. Observe la extraña repetición de los cuatro dígitos en los dos cuartetos centrales adyacentes, y que todos los dígitos menos el último son pares: Es indudable que en 1979 se producirá un suceso extraordinariamente singular.

---

4. Este vaticinio tuvo su trágica confirmación, el *cuarto* día de mayo de 1970, cuando *cuatro* estudiantes de la Universidad Estadual de Kent, Ohio (tanto KENT como OHIO tienen *cuatro* letras) murieron baleados por soldados de la Guardia Nacional. Ése fue el apogeo de las luchas estudiantiles contra la guerra de Vietnam. En 1960 se había iniciado una gran oleada de protestas estudiantiles contra la discriminación racial en el sur. La primera manifestación se produjo el 1 de febrero de ese año: *cuatro* estudiantes negros de Greensboro, Carolina del Norte, se negaron a abandonar un restaurante donde se les negó atención, y grupos de manifestantes ocuparon luego el local y la calle.

Una última observación sobre 1969. Elévelo al cuadrado, separe los últimos dígitos y dé vuelta a la hoja: aparece otra vez el 1969. Aparte del caso trivial del año 1, ¿cuáles años entre el 1 y el 9999 aparecen patas para arriba al final de sus propios cuadrados? (Véase Respuestas, Dos, III).

PREGUNTA: ¿Puede formular algún problema interesante, vinculado con los planes de exploración de la Luna?

DR. MATRIX: Supongamos que la Luna es una esfera perfecta y que se trata de instalar n bases lunares lo más distantes posibles unas de otras. Más precisamente: ¿Cómo disponer n puntos sobre una esfera, de manera tal de obtener la distancia máxima entre dos puntos cualesquiera? Es un problema equivalente al de colocar n círculos máximos no superpuestos sobre una esfera.

Si $n = 2$, la respuesta es obvia: las bases lunares ocupan extremos opuestos de un mismo diámetro. Tres bases se colocarían en los vértices de un triángulo equilátero inscrito en el ecuador. Cuatro bases sólo podrían colocarse en los vértices de un tetraedro inscrito.

Pasemos a $n = 6$. La única respuesta posible consiste en colocar los puntos en los vértices de un octaedro regular inscrito o, lo que es lo mismo, en los centros de las seis caras de un cubo circunscrito... El caso *de* $n = 5$ tiene una solución inesperada. Se aplica la solución de seis puntos y se quita uno: así se obtiene la mejor solución posible para cinco. No es una solución única: dos puntos ocupan extremos opuestos de un diámetro, pero los tres restantes pueden desplazarse sobre el ecuador en infinidad de posiciones.

Las soluciones para 7 y 9 puntos son únicas en cada caso. Si $n = 8$, la mejor colocación para los puntos no es, como podría suponerse, en los vértices de un cubo inscrito, sino en los de un antiprisma cuadrado, para $n = 12$ la mejor colocación son los vértices de un icosaedro inscrito (o los centros de las caras de un dodecaedro circunscrito). La solución de $n =$ 10 fue obtenida por Ludwig Danzer en 1962, pero aún no se ha publicado la demostración. Danzer ya había obtenido anteriormente la solución de $n = 11$ al demostrar que era similar a la de $n = 5$. Se trata de quitar un punto de la solución de $n = 12$. Los once puntos (véase Figura 4) ocupan un lugar fino. No se los puede rotar como en el caso *de* $n = 5$.

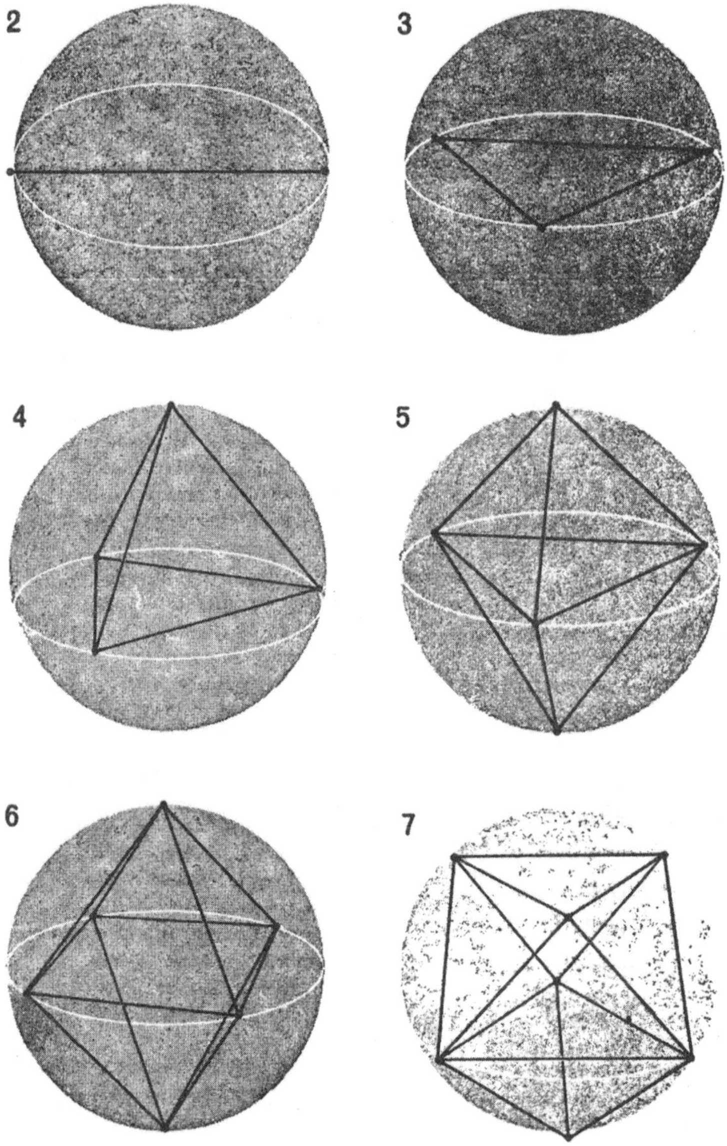

Figura 4. Cómo colocar las bases lunares de manera que quede la mayor distancia entre ellas. Se dan las soluciones para dos a nueve, once y doce bases

8

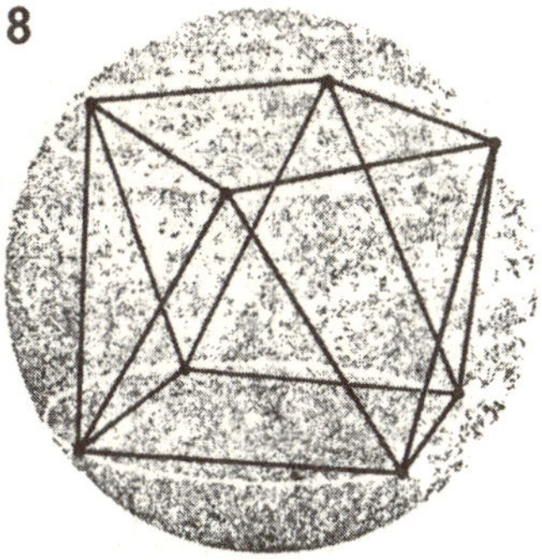

9

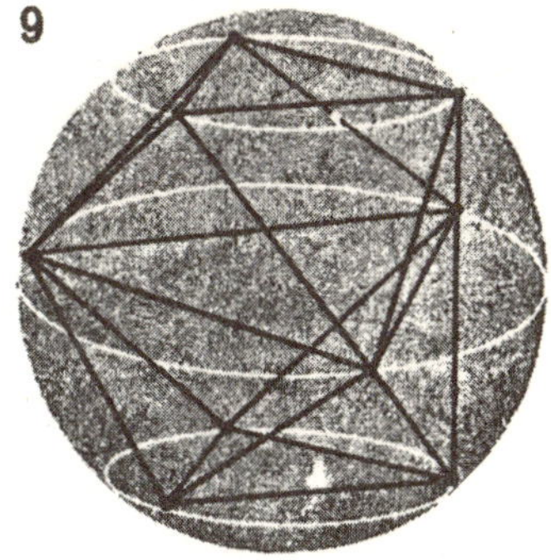

11

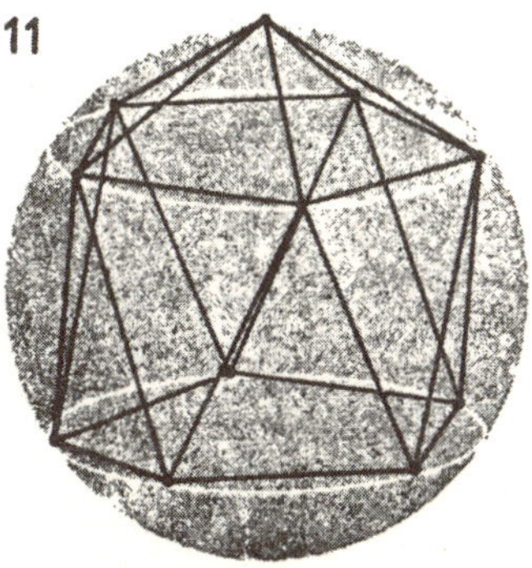

12

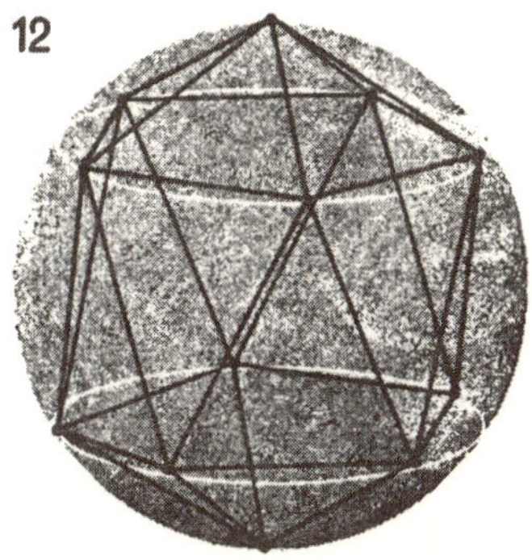

Queda otra solución conocida, la *de n* = 24. En 1961 Raphael M. Robinson halló la demostración de una hipótesis de B. L. van der Waerden, de que los puntos debían ponerse en los vértices de un cubo romo inscrito. El cubo romo es uno de los sólidos semirregulares de Arquímedes (véase la Figura 5). Este poliedro es asimétrico, por consiguiente tiene una forma diestra y una zurda. Sus treinta y ocho caras incluyen seis cuadrados y treinta y dos triángulos equiláteros. (Para mayores referencias véase Respuestas, Dos, IV).

PREGUNTA: ¿Desea agregar algo más?

DR. MATRIX: Noviembre de 1969 es lo que mi amigo Kirby A. Baker, matemático de la Universidad de California en Los Ángeles, llama un mes perverso.

El mes perverso tiene seis semanas calendarias, es decir, requiere seis renglones en el calendario a menos que el último día o los últimos dos sean compuestos en cuerpo menor en el quinto renglón. Baker pregunta cuál es el número máximo de meses perversos en un año. ¿Cuál es el número mínimo de viernes 13[5] que puede haber en un año, es decir tres y uno. Se ha demostrado que la probabilidad de que el 13 sea un viernes es mayor que para cualquier otro día de la semana.

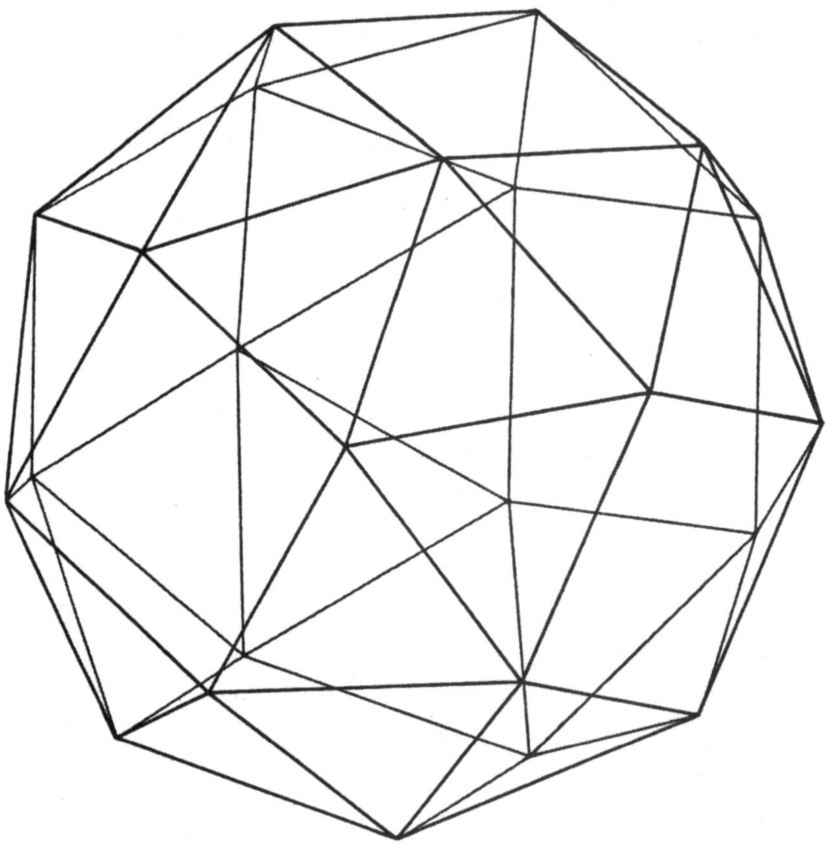

Figura 5. El cubo romo, solución para el problema de 24 bases

5. En Estados Unidos el viernes 13 es el equivalente de nuestro «funesto» martes 13 (N. del T.).

En 1970 tendremos el número máximo, lo cual es un mal presagio. Los otros años de este siglo en que habrá tres viernes 13 son 1981, el infausto 1984, 1987 y 1998.

Baker ha demostrado que a mayor número de meses perversos, menor número de viernes 13 y viceversa. Por eso, dice, «un año favorable para los fabricantes de calendarios es desfavorable para el resto de la humanidad, y viceversa». (¿Puede el lector determinar la relación exacta entre los meses perversos y los viernes 13 de un año dado?) (Véase Respuestas, Dos, V).

3
HONOLULÚ

A pesar de las suaves brisas de Hawai, sus bellos cielos celestes y las amables sonrisas de sus habitantes, siempre he tenido la sensación de que detrás de cada ventana se ocultan extraños misterios en la patria del mago y detective Charlie Chan. Por eso, cuando asistí a un congreso de matemáticos en la Universidad de Hawai, no me sorprendió en absoluto encontrarme con el doctor Matrix al salir del comedor del hotel Honolulú. El célebre numerólogo bebía café y leía absorto un diario en japonés. Di una doble vuelta y me dirigí a su mesa.

—Sí, nuestro último encuentro fue hace más de dos años —dijo, al pararse para estrecharme la mano. Vestía a la moda, con traje de lino blanco, el pelo canoso bien recortado y patillas largas. Sus ojos brillantes me miraban perplejos y divertidos a la vez.

—¿Vino a la reunión de matemáticos? —pregunté.

—No. Iva y yo viajamos a Tokio, pero decidimos pasar tres semanas en Honolulú, descansando y gozando de la playa.

Iva se encontraba en la playa de Waikiki, frente al hotel. El doctor Matrix dijo que volvería a la hora del almuerzo, y me invitó a pasar la mañana con él en su cuarto. Acepté con gusto, aunque ello significaba faltar al simposio matutino, dedicado a nuevos descubrimientos en topología.

Lo primero que vi al entrar a la espaciosa suite del doctor Matrix fue un gran tablero de ajedrez colocado sobre una mesa en el centro del salón. Los trebejos, bellas piezas de marfil blanco y negro, ya estaban dispuestos.

—No sabía que jugaba al ajedrez —dije.

—Sí. Desgraciadamente, soy un excelente jugador. Creo que fue Montaigne quien dijo que el ajedrez es un juego demasiado serio como para ser entretenido y demasiado frívolo como para ocuparse seriamente de él.

—Es posible. Philip Marlow, el detective de las novelas de Raymond Chandler, dice en una de ellas, creo que en *The Long Goodbye,* que el ajedrez representa «el mayor derroche de inteligencia humana que se puede hallar fuera de una agencia de publicidad».

—Efectivamente. ¿Qué le parece si derrochamos un poco de inteligencia mientras conversamos?

Nos sentamos. El doctor Matrix tomó un peón blanco y uno negro y los agitó en sus manos, luego extendió los brazos con los puños cerrados. Señalé el puño derecho, pero cuando lo abrió, su mano estaba vacía. Antes de que yo pudiera reaccionar, la cerró y abrió la zurda. También estaba vacía. La cerró y abrió las dos al mismo tiempo: ¡tenía un peón en cada mano!

—Es un jueguito de prestidigitación que me enseñó Tenkai, el mago japonés —rió—. Trabajé con él cuando era joven. Pero ya que eligió blanco, empiece usted.

Giramos el tablero para colocar las piezas blancas de mi lado.

—No soy buen jugador —dije, y avancé mi peón rey dos espacios.

El doctor Matrix hizo la misma jugada con su peón rey. Llevé mi caballo rey a alfil tres y el doctor Matrix replicó con la jugada tradicional de caballo dama tres alfil para proteger su peón. Llevé mi alfil rey a cuatro alfil: la vieja apertura Giuoco Piano.

—¿Qué hay de nuevo en el campo de la numerología? —pregunté.

—Las correlaciones que eran de esperar —dijo—. Últimamente, no sé si estaba enterado, han aparecido muchas coincidencias entre los nombres de personas célebres y sus profesiones. Claro que en realidad no son meras coincidencias.

Tomé mi lápiz y mi libreta de apuntes.

—Veamos el caso de Lionel Tiger (Tigre), el antropólogo. Últimamente publicó una serie de trabajos sobre la conducta animal comparada con la conducta humana. Su cara redonda le da cierto aspecto de león o de tigre. Su colaborador en la Universidad de Rutgers es el antropólogo Robin Fox (zorro). La señorita Iris C. Love (amor) es arqueóloga de la Universidad de Long Island. En 1969 desenterró el templo de Afrodita en Cnidos, Turquía. En noviembre pasado identificó lo que podría ser la cabeza original de la célebre estatua desnuda de Praxiteles, la más importante del templo. Una cosa que siempre he lamentado es que en mi anterior reencarnación como Pitágoras, no pude vivir para verlo.

—Si mal no recuerdo —dije—, la señorita Love descubrió la cabeza en un rincón oscuro y polvoriento del Museo Británico.

—Así es. ¿Sabía que la pieza está consignada en el inventario con el número 1314? Desde luego que el 1314 es una permutación cíclica de los primeros cuatro dígitos de pi, la más elegante de todas las proporciones.

El círculo es, tradicionalmente, *el* símbolo de la belleza femenina. Un libro sobre educación sexual que apareció en agosto pasado provocó gran revuelo. Su autora es, lógicamente, Mary Breasted (despechugada).

—Hace poco leí un libro sobre los peligros de la contaminación causada por los ruidos excesivos —dije—. Su autor es Henry Still (callado).

—Como ve —dijo el doctor Matrix— el nombre ejerce gran influencia sobre los intereses de la persona. J. J. G. Smart (listo) es el filósofo más inteligente de Australia, y Kuan-han Sun (Sol), físico chino que trabaja en Westinghouse, realiza investigaciones acerca de la influencia de viento solar sobre la Luna. Anton Homer (trompista) fue solista de trompa de la orquesta de Filadelfia durante 28 años. James Cash Penney (efectivo penique) fundó la gran cadena de tiendas Penney y se hizo multimillonario. No sé si conoce la edición rústica de *Solid Geometry*, de L. Lines (*Geometría sólida* de L. «Líneas») o la de *The Theory of Ruled Surfaces*, de W. L. Edge (*Teoría de las superficies pautadas*, de W. L. «Arista»).

—Podría extenderme infinitamente sobre esto —dijo, sin darme tiempo para responder—. Vea el significado de los nombres de los grandes pioneros del psicoanálisis. Freud(e) es «placer», es decir, el «principio del placer». Jung es el «joven» rival de Freud. Stekel significa «palillo», un evidente símbolo sexual. Adler es el águila que se alza por encima de todos. ¿Y qué nombre más apropiado para un analista alemán que Horney (lascivo)? El doctor Matrix me dio tiempo para anotar.

—El dueño de una fábrica de zapatos de St. Louis —prosiguió— se llama Shoemaker (zapatero). El doctor Shuffle (arrastrar los pies) es pedicuro en Washington. En Boston conozco un consultorio compartido por dos ginecólogos, el doctor Hands y el doctor Fingerman (manos y dedos, respectivamente). En Nueva York hay varios vidrieros llamados Glasser (vidrio) y...

—Hace poco —interrumpí— el periodista Leon Svirsky, especializado en temas científicos, me dijo que Philip Morrison, jefe de la sección Libros de *Scientific American*, es amigo de Morris Philipson, director de University of Chicago Press.

—Pero, sí. Sólo un iconoclasta idiota diría que se trata de una casualidad. Estas pautas aparecen constantemente, sobre todo en relación con las personalidades fecundas. Recuerde la vieja regla ortográfica inglesa, de que la *i* precede a la *e* salvo que la *e* preceda a ambas o que tengan la pronunciación de la *a*, como en NEIGHBOR y WEIGH. Hay dos excepciones a la regla en ANCIENT SCIENCE (ciencia antigua). Pero entonces Albert Einstein, cuyo apellido también contiene dos excepciones a la regla, trastornó la ciencia antigua.

En 1969 —prosiguió, después de darme tiempo para tomar nota—, la química británica Dorothy Hodgkin descubrió la estructura tridimensional de la molécula de insulina. Observe la repetición del número sagrado 7.

INSULIN(A), DOROTHY, HODGKIN y BRETAÑA tienen siete letras. Julio es el séptimo mes y la raíz digital de 1969 es 7.

Por razones de espacio no puedo trascribir todo el análisis del doctor Matrix. Señaló que la insulina es una HORMONA, una PROTEIN(A) que acelera la penetración de la GLUCOSA en el tejido muscular. Las tres palabras tienen siete letras (en inglés).

—La molécula de insulina —concluyó— tiene 777 átomos. Pero sigamos el juego.

Su tercera movida me sorprendió. Llevó el caballo a dama cinco, con lo cual su peón quedó desprotegido.

¿Gambito o un descuido? Su caballo no me amenazaba, de modo que le quité el peón con mi caballo. De esa manera su peón alfil rey quedó a merced de mi caballo y mi alfil.

El doctor Matrix no parecía preocupado por ese ataque. Cuando llevó su dama a caballo cuatro, le quité el peón alfil con mi caballo. Así, su torre y su dama quedaron al alcance de mi caballo, de modo que su torre estaba perdida. ¡Y se había jactado de ser un excelente jugador de ajedrez! Sentí cierta vergüenza.

El doctor Matrix no se inmutó.

—Algunas disposiciones son difíciles de interpretar —dijo—. Veamos las iniciales de Martin Luther King. Jr. Son *M. L. K. J.*, cuatro letras consecutivas del alfabeto en orden inverso. Es muy curioso y no estoy seguro de su significado. Las letras finales de Martin Luther King son *nrg,* las tres consonantes de NEGRO y además de la palabra ENERGÍA, una de las cualidades sobresalientes del doctor King. Si se insertan dos vocales en M. L. K. se obtiene MALIK, palabra árabe y también hebrea que significa «rey» *(king).*

—¿Qué me puede decir de su asesino, James Earl Ray?

—Sus iniciales invertidas, R. E. J., sugieren el regicidio, el asesinato de un rey. Las últimas letras forman *sly* (taimado), cuyo significado es evidente. Si se incluyen las dos últimas letras de su apellido se obtiene SLAY (matar).

Las letras iniciales y finales de ciertos conjuntos habituales de palabras suelen mostrar extrañas correlaciones, prosiguió el doctor Matrix. Las noticias vienen de todas partes, y el término inglés NEWS está formado por las iniciales de los puntos cardinales North, East, West, South (respectivamente, norte, este, oeste, sur). En las iniciales de los nueve planetas a partir del Sol se encuentra la palabra *sun* (Sol). Las últimas letras de los nombres en inglés de los números de uno a diez contienen TEN (diez). El doctor Matrix me habló de su amigo Theodore Katsanis, de Berea, Ohio, cuyo hijo Jason nació en septiembre. Septiembre es el tercero de cinco meses consecutivos cuyas iniciales forman JASON. El físico Edwin M. McMillan le habló recientemente al doctor Matrix de un *disc-jockey* de California que trabaja en emisoras radiales AM y FM. Su tarjeta dice: «J. Jason, D.J., FM-AM». Las doce letras conforman una permutación cíclica de las iniciales de los doce meses.

Hizo una pausa en su exposición para agarrar mi peón caballo con su dama, tal como yo había anticipado. Para salvar mi torre tuve que llevarla a alfil uno.

—Mary McCarthy es una mujer brillante —prosiguió el doctor Matrix—. En su libro *Cast a Cold Eye* hay un cuento titulado «C.Y.E.». Cuenta que en el colegio de monjas al que asistió, sus compañeras le pusieron el indescifrable apodo de *Cye,* y jamás le revelaron su significado. Mary trata de adivinarlo. *Catch your Elbow? Clean your Ears? Clever Young Egg?* (Respectivamente: agárrate el codo, lávate las orejas, joven insolente y viva). Es curioso que no haya comprendido que la clave es *«cold eye»* (mirada fría). Si se separan las letras *olde,* queda el apodo.

Agarró mi peón rey con su dama y me cantó «jaque». Me sobresalté. No había adivinado esa maniobra. La única manera de evitar el jaquemate y que me tomara la dama era interponer el alfil. Lo llevé a rey dos. Así impedí el jaque, pero seguramente perdería mi caballo rey. Por otra parte el rey negro quedaría expuesto y el hecho de tener libre la columna de mi torre tal vez me permitiera efectuar un contraataque.

—Pasemos un poco a los números —dije—. Me gustaría llevarme algunos problemas para mis lectores. ¿Conoce algunos juegos numéricos nuevos?

—En la era de las computadoras digitales —respondió— todos los meses aparecen centenares de problemas nuevos. Robert E. Smith, matemático de Control Data Corporation, me explicó cómo uno de sus alumnos mejoró un antiguo resultado obtenido por Platón. En el quinto libro de *Las leyes,* Platón recomienda parcelar los terrenos de la ciudad de manera tal que el número de parcelas tenga la mayor cantidad posible de divisores. Sugiere 5040 parcelas porque tiene 59 divisores, una cifra relativamente elevada. (Incluye el 1 pero excluye el 5040). A los lectores que posean computadoras, e incluso a los que no tengan acceso a ellas, les interesará saber que existen dos números menores de 10.000 que tienen sesenta y tres divisores, cuatro más que el de Platón. Uno de ellos es el 9240.

—Hermoso —dije—. Pediré a los lectores que hallen el otro. (Véase Respuestas, Tres, I).

—Dígame el número de su habitación.

Le mostré la llave. Era un número de tres dígitos.

—Notable —dijo el doctor Matrix, contemplando las cimbreantes palmeras por la ventana—. Desde luego, se habrá dado cuenta de que es un número cuadrado. Si lo escribe, y abajo escribe otro número cuadrado de tres dígitos, obtiene una matriz curiosa. Cada uno de los números de dos dígitos que forman las columnas, leído de arriba abajo, también es un número cuadrado. Ninguno de ellos es cero.

El doctor Matrix me mostró la única solución. (Véase Respuestas, Tres, II). y a continuación oprimió un botón oculto en un costado de la mesa. Inmediatamente se escuchó una melodía.

—Es la partitura del ballet *Jaquemate,* compuesta por sir Arthur Bliss en 1937 —dijo el doctor Matrix—. Agarró su caballo y lo llevó a alfil rey seis.

Miré el tablero, boquiabierto. Efectivamente, era jaquemate. El alfil, cubierto por la dama, no podía agarrar el caballo, y el rey no tenía un casillero libre donde escapar. Era un mate ahogado, un final poco común y que sólo se puede realizar con los caballos (Véase Figura 6).

Figura 6. El mate ahogado del doctor Matrix

—Lo lamento, Gardner —dijo—. Quería terminar el juego en la séptima movida. Es una vieja trampa, me sorprende que no la conociera.

En ese momento se abrió la puerta y entró Iva, descalza, envuelta en una salida de playa violeta y una nube de perfume que siempre usaba.

—¡Aloha! —exclamó, con una amplia sonrisa en sus ojos negros—. ¿Cómo sabía que mi padre y yo nos encontrábamos aquí?

—No lo sabía. Mi presencia aquí es puramente accidental. Espero que tenga la tarde libre para enseñarle la ciudad a este recienvenido.

—Si insiste en hacer juegos de palabras tan tontos ni lo piense —dijo, agitando su uña pintada de escarlata delante de mi nariz—.

Iba a decirle que me costaba mucho orientarme en Honolulu, y que la enología me interesaba mucho más que la topología, pero decidí que era mejor cerrar el pico.

4
HOUSTON

> «Vosotros, que especuláis con el movimiento perpetuo, ¿cuántas vanas quimeras habéis creado en el curso de vuestra búsqueda? ¡Id a ocupar vuestro lugar junto a los buscadores de oro!».
>
> LEONARDO DA VINCI

A principios de agosto de 1971 recibí una carta sorprendente de mi viejo amigo Bing Soph, quien vive en Houston. Me informaba que un anciano galés que se hacía llamar Llewelyn Hooker, Jr. había provocado gran alboroto en Houston con una presunta máquina de movimiento perpetuo. Había montado un pequeño modelo funcional del aparato en el vestíbulo del lujoso hotel Shamrock Hilton, y junto con su bella ayudante, la señorita Jacquelyn Jones, vendía la mercadería de la Hooker Dynamaforce Corporation.

La carta de Soph traía adjunto el lujoso prospecto de la empresa, que explicaba el plan Hooker para construir un gigantesco generador de fuerza dinámica en el canal de Houston. Además de constituir una fuente de energía ilimitada y económica para la zona, la fuerza dinámica reduciría la contaminación ambiental a la mitad al reemplazar el sucio motor de combustión interna por el motor de fuerza dinámica. En el prospecto no había fotografías de Hooker y Jones, pero Soph decía en su carta que él era un hombre alto, barbudo, de ojos verdes y nariz aguileña, mientras que ella era una joven atractiva de rasgos euroasiáticos.

Ya me había entrado la sospecha de que Hooker y Jones eran nada menos que el célebre numerólogo Irving Joshua Matrix y su hija semijaponesa Iva. Pasé una hora jugando con las letras de LLEWELYN HOOKER JR., porque al doctor Matrix le gustaba formar sus seudónimos con anagramas de su nombre. Tuve razón. Con las mismas letras se formaba JOHN WORREL KEELY, un carpintero de Filadelfia, inventor del «motor Keely» a fines del siglo XIX, el *perpetuum mobile* que engañó a más gente que cualquier otro en la historia de Estados Unidos.

Puse algunas prendas en un par de bolsos de viaje y reservé un pasaje de avión. Al día siguiente, poco después de las 4 de la tarde, pasé del aire húmedo y caluroso de la calle principal de Houston al vestíbulo del Shamrock. Se dice que Frank Lloyd Wright, al entrar a ese vestíbulo, dijo: «Parece el interior de una pianola». Para mí, ardiente admirador de los libros del Mago de Oz, fue como entrar al palacio de la Ciudad Esmeralda: gruesas alfombras verdes, verdes chillones por todas partes y hasta los botones vestían uniformes verdes con gorras.

Efectivamente, eran el doctor Matrix e Iva, pero fingieron no conocerme.

—Ah, sí —dijo él, la boca oculta detrás de una frondosa barba estilo Carlos Marx y expresión de sorpresa en sus ojos color esmeralda—. A veces leo su columna. ¿Le parece que *Scientific American* publicaría una nota sobre la fuerza dinámica?

Un hombre gordo, de cabello largo, vestido con botas de vaquero, sombrero de ala ancha, cinturón grueso y una hebilla que mostraba una cabeza de toro con ojos de rubí, soltó una estentórea carcajada, pero el doctor Matrix no se inmutó.

—Muéstrale el modelo al señor Gardner, Jota Jota —dijo.

Iva me tomó de la mano y me condujo a un pequeño cuarto cerca de la mesa ocupada por su padre.

—Por favor, no nos delate —dijo—. Cene con nosotros esta noche.

El modelo giraba rápidamente, sumergido en un tanque vertical de agua de unos sesenta centímetros de lado y tres metros de altura. El artefacto consistía en una correa de plástico y flexible con diez cámaras cilíndricas de vidrio herméticas. Cada cámara contenía una pelota de goma que se deslizaba en su interior con la fuerza de la gravedad (véase la Figura 7). Evidentemente, el volumen de aire en la correa y las cámaras permanecía constante. Las pelotas de la derecha comprimían el aire, obligándolo a pasar a las cámaras del lado izquierdo, donde las bolas al caer succionaban el aire: por consiguiente, éstas desplazaban un volumen mayor de líquido que aquéllas. Esto generaba una fuerza vigorosa que imprimía a la correa y las dos ruedas un movimiento de giro perpetuo en el sentido de las agujas del reloj.

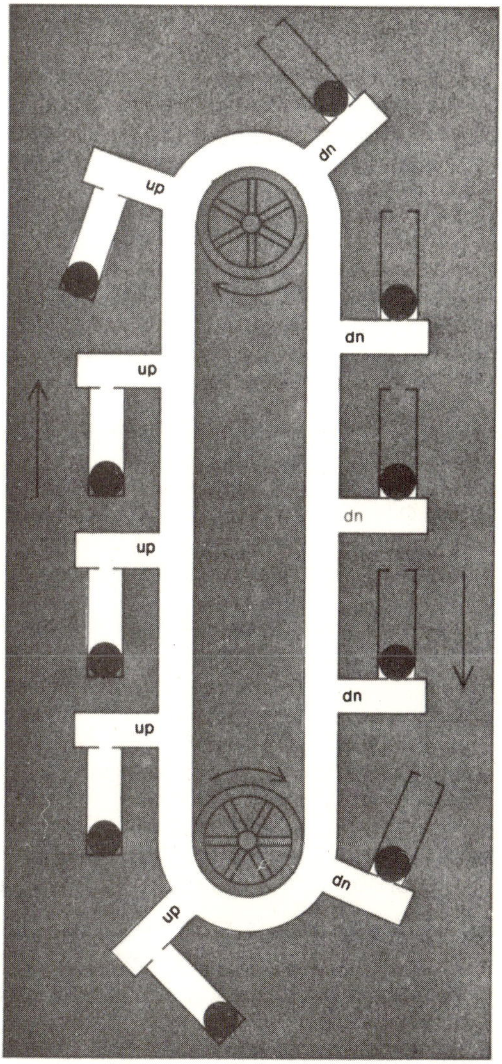

Figura 7. El generador de fuerza dinámica del doctor Matrix. Los rótulos up, *que al invertirse con el movimiento de la máquina se convierten en* dn, *significan respectivamente arriba y abajo (N. del T.)*

—Es muy *sexy*, ¿verdad? —dijo con una sonrisa maliciosa—. Esas bolas que suben y bajan por los falos...

Me dijo que la señora Bloomfield Moore, viuda de un petrolero tejano, ya había invertido medio millón de dólares en el proyecto. Próximamente el doctor Matrix obtendría la misma suma de la señorita Ima Hogg, dama de la alta sociedad de Houston e hija de un petrolero y ganadero millonario que alguna vez había sido gobernador de Texas.[1]

Cenamos en el restaurante Shamrock Pavilion, con vista a la enorme piscina del hotel. Iva habló poco durante mi conversación con el doctor Matrix.

—Me gusta ese detalle de poner *up* y *dn* (*arriba* y la abreviatura de *abajo*, respectivamente) en los pistones —dije—. Me recuerda una rueda que se movía con la fuerza de la gravedad, que C. L. Strong reprodujo en su sección «El científico aficionado» de *Scientific American*. Los números 9 pintados del lado descendente se convertían en 6, más livianos al ascender.

—El 9 posee notables propiedades de inversión —asintió el doctor Matrix—. Mel Stover, un numerólogo de Winnipeg, descubrió que el número romano 9, al invertirse, se convierte en 11, pero en el sistema binario el 1001 no cambia en absoluto. Lo mismo sucede si lo escribe con letras en inglés, así.

El doctor Matrix tomó una pluma de oro de su chaqueta de lino y con su punta de fibra escribió en mi libreta de apuntes:

nine

—¡Maravilloso! —exclamé, invirtiendo la libreta. (Se lee *nine* —nueve— al derecho e invertido).

—Como usted sabe, 1961 es el mismo año cuando se lo invierte, gracias al 6 y al 9 —dijo—. Le propongo el siguiente juego para sus lectores.

1. Se suele decir (cosa que los tejanos niegan con fervor) que Ima Hogg tenía una hermana llamada Ura, pero no es verdad. James Stephen Hogg no tenía la menor intención de bromear cuando bautizó Ima a su única hija. Le enorgullecía el hecho de que fuese Hogg. La señorita Ima, como la llamaban en Texas, fue admirada filántropa y mecenas de las artes. Murió en Londres, en 1975, a los noventa y tres años (Ima Hogg significa literalmente «soy un cerdo»; Ura Hogg, «eres un cerdo». La grafía correcta de esas frases es *I'm a hog* y *you're a hog*, pero la pronunciación es idéntica a la de los nombres (N. del T.).

Me lo envió Arthur Hall, de Pinner, Inglaterra. ¿Cuál es el año invertido que presenta el mayor lapso entre él y su inverso?

—A ver —murmuré—. La diferencia entre 1968 y 8961 es... sí, 6933.

—Vamos, piense un poco. Hay una sola respuesta, y se trata de un año importante en la historia de la humanidad. (Véase Respuestas, Cuatro, I).

Hizo una pausa, mientras el mesero nos sirvió té verde. Tres jóvenes sentados a una mesa cercana estudiaban ávidamente los dibujos geométricos de los pantaloncillos de Iva.

—No me sorprendí al leer en su columna que Arthur Clarke no tenía la menor intención de que HAL representara a IBM.

(Hal era el nombre de la computadora de la nave espacial en la película *2001, Odisea del espacio.* Las letras siguientes a HAL en el alfabeto forman las siglas IBM).[2]

—Esos cambios no intencionales son muy frecuentes —prosiguió—, y constituyen la ratificación del concepto de sincronismo de Jung. Vea, si no, el caso de la palabra OZ. L. Frank Baum, autor de los primeros libros de la serie del mago de Oz, vivía en el norte del Estado de Nueva York. Si avanza una letra a partir de NY, obtiene OZ.

¡Es verdad, por Glinda!

—Y eso no es todo. Si avanza una letra más obtiene PA, la abreviatura de Pennsylvania. Allí nació Ruth Plumy Thompson, la joven que continuó la serie después de la muerte de Baum.

—Es increíble —dije, sin dejar de anotar—. Ya que hablamos del *Mago de Oz,* ¿cuál es el significado numerológico de WIZARD (mago)?

—Esa palabra posee una extraordinaria simetría —dijo el doctor Matrix, mientras los ojos negros de Iva sonreían sobre su taza de té.

El doctor Matrix escribió el alfabeto, trazó un círculo alrededor de la primera y última letras, luego alrededor de las cuartas letras contando desde cada extremo y finalmente las novenas (Véase la Figura 8). Con ellas formó la palabra WIZARD.

---

2. La primera referencia que he podido hallar acerca de esta asombrosa trasliteración apareció en la revista *IBM in Britain,* n° 47, agosto de 1968, pág. 3, que atribuyó su descubrimiento a John Roycroft, de Londres. A pesar de que el logotipo de IBM aparece claramente en las pantallas terminales de *2001,* Clarke me ha asegurado que se trata de una pura casualidad, cuyo descubrimiento le causó gran sorpresa.

Figura 8. La simetría alfabética de WIZARD (mago)

—Demás está decir que el 1, el 4 y el 9 son los tres primeros números cuadrados —concluyó.

—Papá —dijo Iva—, creo que a Gardner le gustaría que le enseñaras otro problema para que lo resuelvan sus lectores.

El doctor Matrix se tironeó de la barba.

—No sé si había observado que un conjunto de palabras escogidas al azar probablemente tendrán una letra en común. La letra *a* aparece en NARANJA, AMARILLO, AZUL, VIOLETA, MARRÓN y BLANCO, no así en NEGRO, que designa la ausencia de color. Peter Wexler, de la Universidad de Essex, descubrió que el nombre en inglés de cada número entero tiene una letra en común con el siguiente. El 0 y el 1 tiene la *e*, el 1 y el 2 la *o*, el 2 y el 3 la *t* y así sucesivamente hasta el infinito. En el poema *Evangeline*, de Longfellow, aparece el verso «*Warm by the forge within they watched the laboring bellows*», que contiene las letras de HENRY WADSWORTH LONGFELLOW.

—¿Y el juego? —preguntó Iva, impaciente.

Resultó ser todo un conjunto de juegos. El doctor Matrix dijo que se trataba de hallar ejemplos curiosos y especiales de parejas de palabras que el numerólogo David L. Silverman, de Los Ángeles, denominaba «heteroliterales». Son parejas de nombres que no tienen ninguna letra en común. Por ejemplo, Silverman descubrió que un solo Estado de los cincuenta que componen Estados Unidos es heteroliteral con respecto a su capital. Se invita al lector a descubrirlo.[3] (Véase Respuestas, Cuatro, II). Tal vez también

3. Lo mismo sucede con respecto a las provincias argentinas y sus capitales. Véase la misma respuesta (N. del T.).

le interese descubrir cuál letra no aparece en el nombre de ningún Estado. (Véase Respuestas, Cuatro, III).

¿Qué es tan raro como un lunes de marzo?, le preguntó Silverman al doctor Matrix cuando se encontraron en una convención numerológica en San Francisco. El sentido de la pregunta era: ¿cuáles son las ocho parejas heteroliterales restantes en la combinación día-mes? (Véase Respuestas, Cuatro, IV).

—Volvamos a los números —dijo el doctor Matrix—. Tal vez sus lectores puedan hallar la única letra que no aparece en el nombre en inglés de ningún número del 0 al 99, pero aparece en los de todos los números mayores de 99 y menores de 1 millón.[4] (Véase Respuestas, Cuatro, V).

Iva aceptó mi invitación a pasear por las sombrías calles del centro de Houston. Le agradecí al doctor Matrix que pagara la cuenta del bar. Nos estrechamos las manos.

—Debo advertirle —dije— que debo luchar contra mi conciencia. Vamos, confiese que esa fuerza dinámica no es más que una farsa dinámica.

—Pero, como dijo Galileo —respondió—, sin embargo se mueve.

—Estoy seguro de que a la policía local le gustaría conocer su verdadera identidad.

—Me parece que tiene razón —dijo Iva.

—Sería imposible exagerar lo poco que discrepo de ambos —dijo el doctor Matrix.

Pasaron varias calles antes de que descifrara el significado de sus palabras. Pasé una noche de insomnio, acosado por mi superyo. Por suerte no fue necesario tomar decisión alguna. A la mañana siguiente, mientras desayunaba con Soph, vimos que Hooker y Jota Jota subían a su Cadillac negro y partían raudamente, sin pagar la cuenta del hotel. Después se descubrió que el generador de fuerza dinámica tenía un pequeño motor a batería oculto en la base.

Esa tarde tomé mis valijas y me abrí paso entre una multitud de curiosos periodistas y fotógrafos hasta salir del fresco vestíbulo del Shamrock a un infierno de calles calcinadas por el Sol. El aire recalentado se alzaba del impecable hormigón, George E. Mallinson, quien señalaba que las iniciales

4. Este juego no se aplica en castellano, ya que son muchas las letras que no aparecen en ningún número: *b, f, g, j, k, p, w* y *x* (N. del T.).

de Charles A. Reich, autor de *The Greening of America* (Devolver el verdor a Estados Unidos), son *C. A. R.* (automóvil), ese complejo mecanismo que de verde no tiene nada y cuyo motor se ha convertido en una rueda de molino atada al cuello del mundo.

Sobre el horizonte oriental, formado por las refinerías de petróleo y las industrias químicas que bordean el canal de Houston, flotaba una bruma parda, ese horrible subproducto de la búsqueda del oro negro. Ni siquiera la fuerza dinámica alcanzaría a disiparla.

5
TEST DE CLARIVIDENCIA

Un instituto cerca de Los Ángeles (cuyo nombre no puedo revelar por ahora) anunció en 1973 que cualquiera podía aprender el arte de la clarividencia, es decir, la capacidad de ver objetos ocultos o lejanos mediante percepción extrasensorial. Tras rendir un examen de ingreso los estudiantes realizaban un curso intensivo de seis semanas —la tarifa era de quinientos dólares— y luego se sometían a un test final. Las calificaciones eran invariablemente altas.

Una joven que trabajaba de archivista en el instituto me contó en una carta que el propietario de la escuela se parecía mucho al doctor Irving Joshua Matrix, y su ayudanta principal a Iva, su bella hija euroasiática. Mi informante logró fotocopiar el test al que se sometían los estudiantes al finalizar el curso. Lo transcribo a continuación y las «respuestas» aparecen invertidas al final del capítulo. Instamos a los lectores a no espiar las respuestas hasta terminar el test.

Antes de realizarlo, el lector debe tener a mano los siguientes objetos: lápiz, papel, una caja de fósforos, un mazo de naipes, un par de dados, una regla, tijeras, una bolsa de alubias, una Biblia y cinco cuadrados de cartulina con las cifras 1, 5, 8, 10 y 25. Se debe responder rápidamente, sin pensar en cuál podría ser la respuesta. Se escriben las respuestas en una hoja y, una vez realizado el test, se las compara con las que aparecen al final del capítulo. De acuerdo con el prospecto del instituto, un puntaje mayor de quince significa un alto grado de clarividencia.

1. Trace un círculo alrededor de cualquiera de los dieciséis números de la Figura 9. Tache todas las celdas de la misma hilera y columna. Trace un círculo alrededor de uno de los nueve números restantes. Tache las celdas

de la misma hilera y columna. Repita la operación con uno de los cuatro números restantes. Trace un círculo alrededor del último número. Sume los cuatro números señalados y escriba el resultado en la hoja de respuestas.

1	2	3	4
5	6	7	8
9	10	11	12
13	14	15	16

Figura 9. Test numérico

2. Coloque veinte fósforos en una caja. Aparte la cantidad de fósforos que desee, siempre que no sean más de nueve. Cuente los fósforos que quedan. Sume los dígitos que forman ese número y aparte esa cantidad de fósforos. Aparte dos fósforos más. Cuente los que restan y anote la cifra de los que quedan.

3. De un mazo de naipes aparte las damas rojas, los ases negros, los cuatro rojos, el seis de trébol y la jota de diamantes. Baraje los naipes y coloque el mazo sobre la mesa cara abajo. Tome las cartas de a dos. Si el primer par está formado por un naipe rojo y uno negro, apártelos. Si los dos naipes son rojos, empiece a formar una pila de naipes rojos. Si los dos son negros forme una pila de naipes negros. Proceda así hasta terminar el mazo, apartando los pares rojo-negro y formando pilas separadas con los negro-negro y los rojo-rojo. Cuando termine, cuente los naipes de cada pila y reste el número del mayor. Anote el resultado.

4. Trace una figura geométrica sencilla. Inscriba en su interior otra figura geométrica, distinta pero también sencilla.

5. Escriba el nombre de una fiera.

6. Coloque dos dados, *A* y *B* sobre la mesa. Sume el número de la cara superior de *A* al de la cara inferior de *B* y busque el número correspondiente en el libro bíblico del Génesis. Sume la cara superior de *B* a la inferior de *A* y busque el versículo correspondiente. Anote la primera palabra de ese versículo.

7. Piense en un número *k*, entre 10 y 50. Coloque un dedo sobre el símbolo inferior de la Figura 10. Diga, «uno». Luego pase el dedo al símbolo siguiente, «dos», y siga hacia arriba. Cuando llegue a la estrella siga contando en sentido contrario a las agujas del reloj hasta llegar a *k*. Si esto le exige dar varias vueltas al círculo, no cuente los símbolos de la cola.

Cuando llegue a *k*, deténgase y cuente en dirección contraria, nuevamente de 1 a *k*. Al recorrer el círculo en el sentido de las agujas del reloj, cuente a partir del símbolo *k* original (no cometa el error de empezar a contar a partir del símbolo adyacente). No cuente los símbolos de la cola. Deténgase al llegar a *k*, anote el símbolo correspondiente en la hoja de respuestas.

8. Escriba en la hoja de respuestas un número cualquiera, entre 10 y 50, que cumpla las siguientes dos condiciones: los dos dígitos deben ser impares y no deben ser iguales. (Por ejemplo, no se permite el 11, formando por dos dígitos iguales).

9. Tome veinte naipes cualesquiera, colóquelos cara abajo. Tome los dos primeros naipes, colóquelos cara arriba sobre el mazo de veinte y córtelo en cualquier punto. Nuevamente, tome los dos primeros naipes, póngalos al revés, colóquelos sobre el mazo y corte. Repita la operación la cantidad de veces que quiera. Así volverá a dar la vuelta a algunos naipes, pero no importa. El objetivo de la operación es lograr números al azar de naipes colocados de cara y de revés.

Coloque los naipes en hilera sobre la mesa, cuidando de no darlos vuelta. Luego dé vuelta todos los naipes que ocupan las posiciones pares en la hilera (2, 4, 6... 20). Cuente el número de naipes que quedaron cara arriba y anote la cifra.

10. Ponga tres pilas de alubias sobre la mesa. Cada pila debe contener la misma cantidad de alubias, superior a cuatro. Llame las pilas *A, B y C.*

Pase dos alubias de *A* a *B.*

Pase tres alubias de *C* a *B.*

Cuente la cantidad de alubias que quedan en *A,* tome esa misma cantidad de *B* y páselos a *A* o *C.*

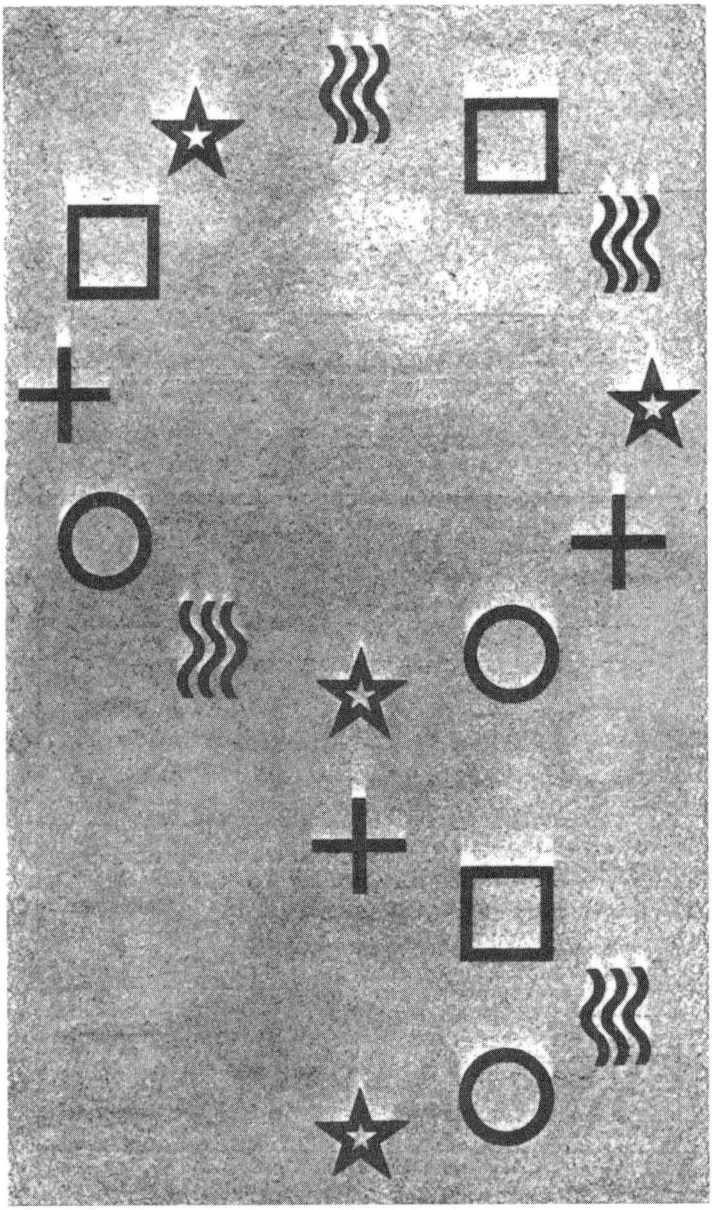

Figura 10. Test de la Q

Tome una alubia de *A* o *C* y pásela a *B*.

Cuente las alubias que quedan en *B* y anote la cifra.

11. Piense en una letra del alfabeto. Observe las cinco columnas de la Figura 11 y trace un círculo alrededor de esa letra todas las veces que aparezca. Anote la letra que encabeza cada columna donde aparece la que usted eligió. Convierta las letras en números mediante la clave $A = 1$, $B = 2$, $C = 3$ y así sucesivamente. Sume los números. Con la misma clave transforme ese número en letra y escriba la letra en la hoja de resultados.

12. Coloque un dado sobre el extremo izquierdo de la mesa y otro sobre el derecho. Halle los siguientes cuatro productos: multiplique los números de las dos caras superiores, los de las caras inferiores, la superior izquierda por la inferior derecha y la superior derecha por la inferior izquierda. Sume los cuatro productos y anote el resultado.

13. Tome una hoja cuadrada de papel, de unos ocho centímetros de lado y dóblela por la mitad cuatro veces, de manera que los pliegues formen una matriz de cuatro por cuatro cuadrados. Marque bien los pliegues. Numere las celdas de 1 a 16, como en la Figura 9.

A	B	D	H	P
C	C	E	I	Q
E	F	F	J	R
G	G	G	K	S
I	J	L	L	T
K	K	M	M	U
M	N	N	N	V
O	O	O	O	W
Q	R	T	X	X
S	S	U	Y	Y
U	V	V	Z	Z
W	W	W		
Y	Z			

Figura 11. Test con letras

Vuelva a plegar el papel como quiera, incluso como un acordeón, hasta que quede un solo cuadrado. Recórtele los bordes para separar los dieciséis cuadrados. Colóquelos sobre la mesa. Algunos quedarán con el número hacia arriba, otros con el número hacia abajo. Sume los números que quedaron para arriba y anote el resultado.

14. Escriba un número cualquiera cuyos dígitos sean diferentes entre sí. Luego reordene esos dígitos para formar otro número. Reste el número menor del mayor. Sume los dígitos del resultado. Si obtiene un número de más de un dígito, repita la operación hasta obtener un solo dígito. A éste súmele 4 y anote el resultado.

15. En la figura de la página siguiente se ve un pentáculo, el misterioso símbolo de la brujería medieval y los antiguos pitagóricos. Con un lápiz ponga un punto en cualquier lugar, dentro o sobre el borde pentagonal. Desde ese punto trace líneas rectas perpendiculares a cada uno de los lados del pentágono. Si es necesario, se pueden prolongar los lados con ayuda de una regla. La perpendicular se traza fácilmente con ayuda de una hoja de papel cuyos lados formen ángulos rectos. Sume las longitudes de los segmentos de recta perpendiculares, marcándolos en el borde de una hoja. Mida la longitud total con una regla y anote la respuesta, redondeando al medio centímetro más cercano.

16. Escriba el nombre de la capital de un gran país extranjero.

17. Coloque en hilera (de izquierda a derecha) cuadrados de cartulina con las siguientes cifras: 1, 10, 5, 8 y 25. Coloque una moneda sobre cualquiera de ellas. Cada movida consiste en desplazar la moneda al cuadrado adyacente, sea el de la derecha o el de la izquierda. Lógicamente, si la moneda se encuentra en cualquiera de los dos extremos, la movida podrá efectuarse en una sola dirección. Mueva la moneda al azar, a izquierda o derecha, tantas veces como indica el número sobre el cual la colocó. Al finalizar, si la moneda no está colocada sobre el 1, retire ese cartón de la hilera. Mueva otra vez la moneda tantas veces como indica el número del cartón. Al finalizar, si no está colocada sobre el 25, retire ese cartón de la hilera. Mueva la moneda al cartón adyacente y escriba el número el cual se encuentra.

18. Coloque en hilera sobre la mesa los siguientes cinco naipes: nueve de diamante, cuatro de corazón, dama de corazón, as de diamante y siete de trébol. Como ve, hay una figura, un as y una negra. Estudie las cartas

con cuidado, concéntrese en una de ellas y escriba su nombre en la hoja de respuestas.

Figura 12. Test del pentáculo

19. Piense un número del 1 al 16. Búsquelo en los bordes de la Figura 13 y gire la hoja de manera que quede derecho. Manteniendo la hoja en esa posición, cuente las celdas de la matriz a partir de la que ocupa la esquina superior izquierda, hasta llegar al número escogido. Escriba el símbolo de la percepción extrasensorial correspondiente a esa celda.

20. Escriba el nombre de una flor.

21. Baraje un mazo de naipes. Asigne a las figuras el valor que desee, de 1 a 10. (Sea, por ejemplo, el valor 3). Forme pilas de naipes de la siguien-

te manera: Diga «diez» al colocar el primer naipe sobre la mesa y luego sucesivamente «nueve, ocho, siete...» al colocar cada naipe en la pila. Si el número que canta coincide con el valor del naipe que va a colocar, inicie una nueva pila. Si al llegar a la carta «uno» no se ha producido esa coincidencia, tape esa pila con una carta vuelta abajo e inicie una nueva pila. Repita el procedimiento hasta formar cuatro pilas.

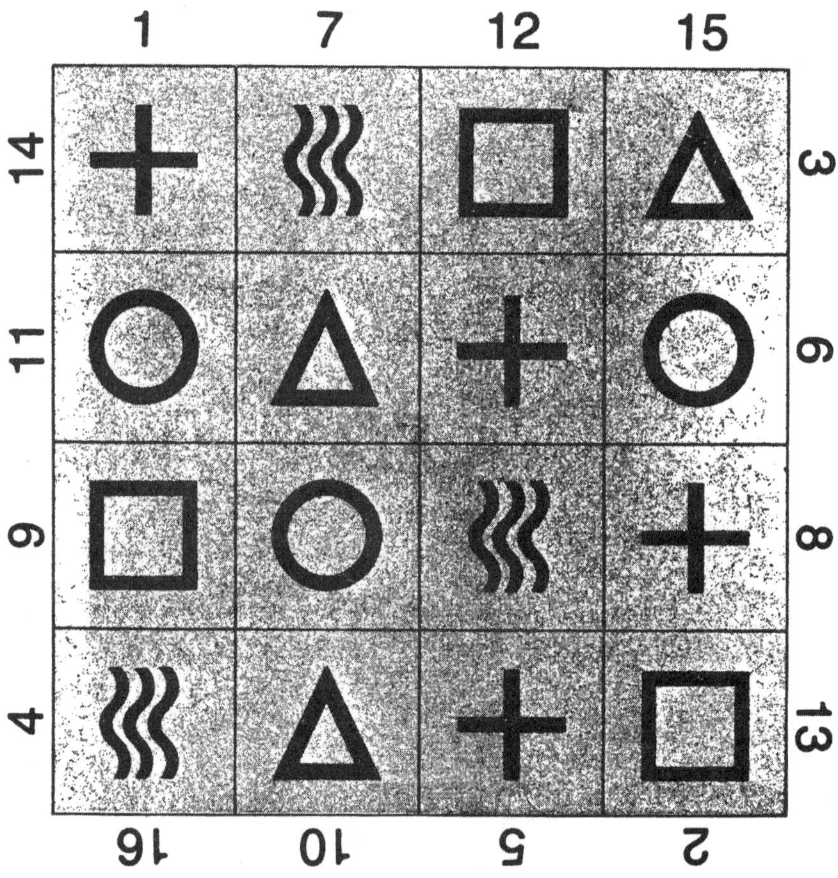

Figura 13. Test de la matriz giratoria

Recapitulemos: Forme las pilas contando en orden inverso desde el 10 hasta que el número de orden del naipe coincida con su valor o, si ello no sucede, hasta llegar a 1. En este último caso tape la pila con una carta vuelta abajo. Recuerde el valor asignado a las figuras. En nuestro ejemplo era el tres; por consiguiente, si al decir «tres» aparece una carta de ese valor o una figura, comience una nueva pila.

Una vez formadas las cuatro pilas, sume los valores de los aciertos, es decir, de las cartas que coronan las pilas destapadas. El valor de las figuras es, desde luego, el que usted les había asignado previamente. Sea *X* el valor de esa suma. Separe *X* naipes de los que quedan en el mazo, cuente los restantes y anote ese número.

22. Escriba un número de dos dígitos entre 50 y 100, tal que los dos dígitos sean pares y distintos.

23. Tire un dado. Piense un número de 1 a 6 inclusive y coloque un segundo dado sobre el primero de manera tal que el número que usted pensó quede en la cara superior. Sume su número a los de las dos caras que se tocan. Piense otro número de 1 a 6 inclusive y súmelo al resultado anterior.

Tome el dado superior y gírelo de manera que su segundo número quede en la cara superior. Colóquelo junto al otro. Levante los dos dados y agregue la suma de sus caras inferiores al total anterior. A éste sume 3 y anote el resultado.

24. Escriba el nombre de un color.

25. Coloque diez naipes sobre la mesa, cinco de cara y cinco de revés. Barájelos bien, luego sepárelos en dos conjuntos, *A* y *B*. Dé vuelta a todo el conjunto *B*. Cuente los naipes que quedaron de cara en cada conjunto, réstelos y anote el resultado.

26. Piense un número del 1 al 5 inclusive. Llámelo *n*. Busque la enésima palabra del enésimo capítulo del Apocalipsis y escríbala. (Véanse las fuentes de las 26 pruebas en Respuestas, Cinco).

RESPUESTAS DEL TEST DE CLARIVIDENCIA

1. 34
2. 7
3. 2
4. Triángulo y círculo
5. León
6. Y
7. Estrella
8. 37
9. 10
10. 8
11. La letra que usted eligió
12. 49
13. 68
14. 13
15. 22,5 cm
16. París
17. 5
18. 4 de corazón
19. Cruz
20. Rosa
21. 8
22. 68
23. 24
24. Azul
25. 0
26. El o la

6
LAGO PYRAMID

«¿Alberga la Gran Pirámide de Keops una ciencia perdida?
¿Acaso la única de las Siete Maravillas del Mundo que aún permanece en pie... fue diseñada por misteriosos arquitectos, conocedores de los secretos más profundos del universo?».

PETER TOMKINS
Secrets of the Pyramid

Un día, cuando hojeaba una de esas revistas baratas dedicadas a las ciencias ocultas, me detuve en una fotografía publicitaria que ocupaba una página entera. Se veía una reproducción de dos metros de altura de la Gran Pirámide de Keops, hecha de plástico transparente. Sentada en su interior estaba una hermosa joven, de bellos ojos rasgados, que sólo vestía un par de sandalias. Parecía Iva, la hija japonesa de mi viejo amigo, el célebre numerólogo doctor Irving Joshua Matrix.

Ya había visto pequeñas reproducciones de la pirámide de Keops (el catálogo de la Edmunds Scientific Company, por ejemplo, los tiene en oferta), pero ninguno lo suficientemente grande como para alojar a una persona. En este caso, cada arista de la estructura estaba marcada con número distinto, entre el 1 y el 10. No había explicaciones, ni constaba el precio de la pirámide. Sin embargo, por cinco dólares se podía adquirir un modelo a escala, de diez centímetros de altura. El prospecto que lo acompañaba decía que la «energía psi-org» de la pirámide conservaba el filo de las hojas de afeitar, preservaba los botones de rosa y restauraba las cintas para máquina de escribir usadas. También informaba cómo adquirir el modelo más grande, con la garantía incondicional de que curaría mis males físicos, aumentaría mi inteligencia, fortalecería mis poderes psi y elevaría mi potencia sexual. Escribir a Pyramid Power Laboratories, Apartado Postal 123, Pyramid, Nevada.

Lo primero que hice fue consultar mi atlas para saber si existía una localidad llamada Pyramid (Pirámide) en el Estado de Nevada. Efectivamente: se encuentra en la margen occidental del lago homónimo, unos 55 kilómetros al norte de Reno, la capital del Estado. La telefonista local me proporcionó el número del laboratorio, y a los pocos minutos la propia Iva contestó a mi llamada.

—Venga a vernos —dijo—. ¿Le gusta la pesca? Respondí que sí.

—Traiga su caña y su *reel.* Si la trucha pesa menos de diez kilos, hay que tirarla de vuelta al lago. En mayo el clima es maravilloso. Días calurosos y noches frescas. Hace mucho que no lo vemos.

Antes de relatar mi extraordinario viaje al lago Pyramid, quiero decir un par de cosas sobre el «poder piramidal». Según la revista *Time* (8/10/73) todo empezó hace setenta años cuando un francés, especialista en ciencias ocultas, impresionado por el excelente estado de las momias halladas en la Gran Pirámide, se preguntó si la forma piramidal no afectaba el espacio y el tiempo. Construyó un modelo en escala de la pirámide y en su interior colocó el cadáver de un gato. El cuerpo se deshidrató y momificó en poco tiempo. Cincuenta años después, Karel Drbal, ingeniero en comunicaciones de Praga, descubrió que si se guarda una hoja de afeitar en un modelo de la pirámide de quince centímetros de altura, aquella jamás pierde el filo. Más aún: ¡una hoja vieja recupera el filo en cuestión de semanas! Drbal patentó su Afilador de Hojas de Afeitar Piramidal en 1959 (patente checoslovaca n° 91304) y ganó una pequeña fortuna con la venta de modelos de cartón y espuma de goma en su país. Cuando Sheila Ostrander y Lynn Schroeder mencionaron este descubrimiento en su *bestseller, Psychic Discoveries Behind the Iron Curtain,* publicado en 1970, en Estados Unidos y Canadá estalló una «minifiebre», al decir de *Time.*

La Toth Pyramid Company, de Max Toth, con sede en Bellerose, Nueva York, vende un afilador de hojas de afeitar de cartón coloreado. En Glendale, California, G. Patrick (*¿G. P.,* como Gran Pirámide?) Flanagan vende una carpa Pirámide de Keops de vinilo, que mejora la meditación trascendental de quien se sienta en su interior. Según *Time,* la política feminista Gloria Swanson coloca una pirámide bajo su cama todas las noches porque «hace vibrar hasta la última célula de mi cuerpo». El actor James Coburn medita dentro de su pirámide.

Eric McLuhan, el hijo mayor de Marshall McLuhan, ha investigado el poder piramidal. Una nota de tapa aparecida en febrero de 1973 en la revista *enRoute* (que se distribuye en los vuelos de Air Canada) contiene un reportaje a Eric cuando era profesor de «electrónica creativa» en el Fanshawe College de Ontario. Eric relata cómo había puesto un trozo de carne en el centro de su pirámide de plástico y otro trozo sobre la base. Tres meses después el primero seguía fresco, mientras que el segundo estaba podrido. Eric considera que la forma pirámide altera los campos gravitacional y magnético en su interior y sobre ella. Sostiene que para afilar una hoja de afeitar es necesario alinearla con el eje magnético norte-sur. La pirámide afecta a las hojas azules más que a las de acero inoxidable. John Tode, dueño de una librería especializada en ciencias ocultas de Toronto, probó una pirámide más grande. Con ella deshidrató varias docenas de huevos y kilos de chuletas. «En veintitrés días —dice— se detiene el proceso de putrefacción de la carne... Hemos comido las chuletas fritas. Son deliciosas».

Al G. Manning, director del laboratorio ESP de Los Ángeles, publicó un artículo sobre el poder piramidal en la revista *Occult,* de octubre de 1977. Su método consiste en escribir en una hoja de papel una declaración sobre algo que uno desea muy intensamente. «Hay que alimentarlo con amor y colocarlo con ternura dentro de una pirámide orientada en dirección norte-sur. El papel debe permanecer dentro de la pirámide durante un lapso de tres a nueve días, y diariamente se debe repetir en voz alta el pensamiento e introducirlo en la pirámide desde su cara norte». Los resultados, dice Manning, son espectaculares.

La edición de 1974 de *Other Dimensions,* un anuario dedicado a los fenómenos paranormales, incluye una interesante nota sobre «la dama que vivía en una pirámide». Tenny Hale, una clarividente de Oregón, se sentó dentro de su gran modelo de madera de la Gran Pirámide, lo cual incrementó sus poderes extrasensoriales a un grado tal, que cuando salió escribió cien profecías. También asegura que cuando riega sus plantas con agua previamente pasada bajo la pirámide, éstas crecen cuatro veces más rápido que cuando las riega con agua común.

James Mullin, director de investigaciones de la Southern Parapsychology Foundation de San Diego, advierte que no se debe pasar mucho tiempo en el interior de la pirámide, cuya energía mata las bacterias. Puesto que además de las bacterias dañinas existen otras que son benéficas, la absorción excesiva del poder piramidal puede resultar perjudicial para la salud.

Los lectores que deseen realizar sus propios experimentos pueden construir un modelo de cartón de una pirámide de base cuadrada. Para ello basta recortar cuatro triángulos y unir sus bordes. La altura del triángulo debe estar en proporción áurea con la mitad de la base. Herodoto fue el primero en señalar que el área de cada cara equivale al cuadrado de la altura de la Gran Pirámide. Sea x el apotema (altura de una cara), y sea la base igual a 2. De esa manera el área de la cara es x. El apotema es la hipotenusa de un triángulo rectángulo cuyos catetos son 1 (la mitad de la base de la pirámide) y la altura de la pirámide. El teorema de Pitágoras nos permite deducir que la altura de la pirámide es $\sqrt{x^2 - 1}$. Si el área de la cara es igual al cuadrado de la altura, tenemos $x^2 - x - 1 = 0$. Por consiguiente, el valor de x es $1/2\ (1 + \sqrt{5})$, es decir fi, el radio aúreo, igual a 1,6180339887... Dicho de otra manera, el apotema de una pirámide de base 2 es fi y su altura es 1,2720196495..., la raíz cuadrada de fi. Hay una sorpresa adicional. Si se divide 4 (el doble de la base) por la raíz cuadrada de fi (la altura) se obtiene 3,1446..., una buena aproximación a pi (Véase la Figura 14).

La diferencia de inclinación entre una pirámide perfecta fi y una pirámide pi es de poco menos de un minuto de arco: la inclinación de fi es de 51 grados 50 minutos, la de pi es de 51 grados 51 minutos. Esta variación es demasiado minúscula para percibirla en un modelo pequeño. En la actualidad la Gran Pirámide es tan irregular que sólo se sabe con certeza que su inclinación es de aproximadamente 52 grados. Nadie sabe si los egipcios quisieron incorporar en la forma de la pirámide a pi o a fi o a las dos o ninguna.

Retomemos el tema de mi viaje. Mi avión llegó a Reno en la tarde del martes 28 de mayo: un día perfecto, un número perfecto. Pasé la noche en un hotel de Reno. A la mañana siguiente alquilé un automóvil y salí hacia el Este hasta llegar a Sparks, donde viré hacia el norte por la ruta 33, que me condujo a Sutcliffe, en la margen occidental del lago Pyramid.

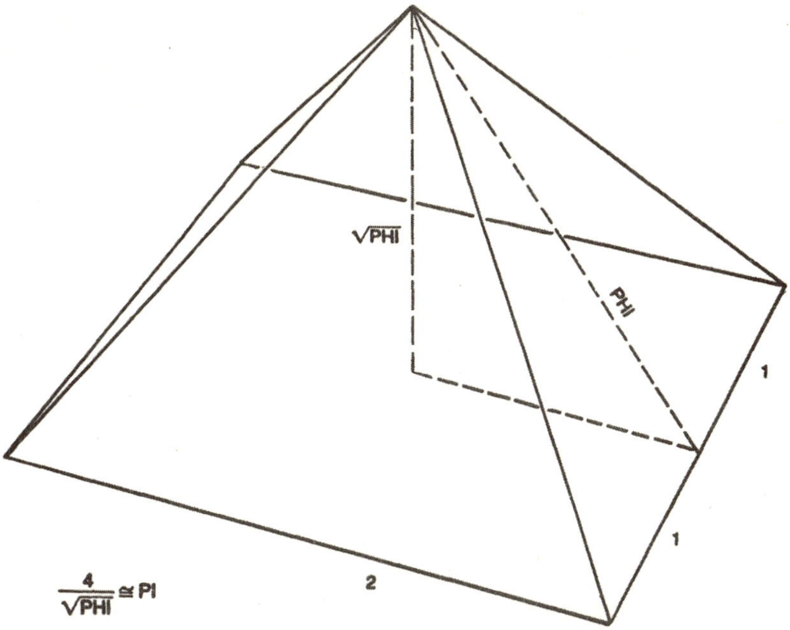

Figura 14. La pirámide fi perfecta, según Herodoto

No era la primera vez que iba. Mi padre, que era geólogo, me había llevado cuando era niño. Me contó que el lago era un resto de un inmenso espejo de agua prehistórico llamado lago Lahontan, que había cubierto prácticamente todo el noroeste de Nevada durante la era glacial del Pleistoceno.[1] Me explicó que el lago era alimentado por las aguas de la Sierra Nevada, principalmente por las del río Truckee, que atraviesa Reno. Fuimos

---

1. En los últimos años el proceso de desaparición del lago Pyramid se ha visto acelerado debido al empleo de sus aguas para irrigación y al desarrollo de la urbanización. Sus aguas se han vuelto tan alcalinas que la trucha Lahontan, que formaba parte de la dieta básica de los indios, prácticamente se ha extinguido. Como dijo un autor, el florecimiento del desierto ha significado la muerte del lago.

La situación de los indios es algo lamentable de ver. Cunden la pobreza y el desempleo. El doctor Matrix decidió instalar su fábrica en esa zona debido, por supuesto, a la abundancia de mano de obra barata.

en un bote de remos a una de esas islas cónicas a las cuales el lago debe su nombre; una de ellas, sobre la margen oriental, se llama Pyramid Rock. Mi padre me dejó una copia del diario de viaje de John Charles Frémont, el célebre explorador y político (y gobernador de California), quien descubrió el lago en 1844. Mi padre había subrayado el párrafo donde Frémont describe esa formación calcárea de cien metros de altura llamada Pyramid Rock: «Acampamos en la orilla, frente a una roca notable... desde nuestra posición, su aspecto era bastante similar al de la Gran Pirámide de Keops». (Véase Figura 15).

Figura 15. Pyramid Rock in Pyramid Lake, Nevada

Me detuve en Sutcliffe a gestionar mi permiso de pesca. El lago Pyramid se encuentra comprendido en la enorme reserva indígena del mismo nombre, que pertenece a la tribu Paiute. Para pescar se necesita un permiso otorgado por las autoridades de la tribu. Una vez que lo obtuve seguí hacia el Norte, por el camino polvoriento que bordea la árida margen occidental del lago.

Era un día cálido y despejado. Por la ventanilla derecha de mi auto veía los arbustos espinosos y, más allá, las aguas del lago, color azul de Prusia. En la margen opuesta se alzaban formaciones rocosas altas y delgadas que echaban sombras violáceas sobre el agua, y por encima de ellas, se veían las cumbres de la Sierra del Lago, ondulaciones cubiertas de todos los matices del verde y el rosa. Poco antes de llegar a Pyramid, siguiendo las instrucciones de Iva, tomé un camino lateral que me condujo a un hermoso cañón oculto y un gran edificio de acero y hormigón.

Era la fábrica, y su forma era la de la Gran Pirámide de Keops. En sus aristas se destacaban enormes números, color rojo sangre.

Un paiute regordete abrió la portezuela de mi automóvil. Me dedicó una amplia sonrisa, y vi que tenía un solo diente. (Después me enteré de que se llamaba Ree, y que todos lo llamaban One-Tooth Ree).[2] Iva y su padre se acercaban por el pasillo. Iva vestía pantalones anaranjados, una cinta indígena y una pulsera de la cual pendían diminutas pirámides de plata que tintineaban a su paso. Nos abrazamos. El doctor Matrix, alto y muy delgado, me contemplaba con sus extraños ojos verdes detrás de sus gafas pentagonales sin marcos.

Recorrimos la fábrica. En un ala, alrededor de veinte indios armaban los modelos de diez centímetros. En otra, un grupo más pequeño embalaba las partes desarmadas del modelo más grande. Iva se disculpó, y el doctor Matrix me condujo por una escalera helicoidal a su oficina, ubicada en el vértice de la fábrica.

Se sentó cómodamente detrás de su escritorio y juntó las puntas de los dedos. Psi-org, dijo, es la abreviatura de la energía psíquica y del orgón. El campo psi, que genera el campo magnético humano y todos los poderes psíquicos, no es otro que lo que Wilhelm Reich, el controvertido discípulo vienés de Freud, llamó al orgón.

---

2. La frase significa simultáneamente «Ree, el de un solo diente», y «uno dos tres», al pronunciarla (N. del T.).

—Conozco el orgón de Reich —dije—. Viene del espacio exterior. Gracias a él las estrellas brillan, el cielo es azul y Orson Bean es feliz.[3]

—Efectivamente —dijo el doctor Matrix—. Los centenares de pirámides del lago Pyramid atrapan la energía y dan al agua su fuerte color azul. Como usted sabe, Reich, descubrió que se podía acumular el orgón en un cajón de madera forrado de hierro laminado. La materia orgánica es permeable al orgón, el metal interior lo refleja. Entonces se produce lo que yo llamo el «efecto de la casa azul», al concentrarse la energía psi-org hasta niveles anormales en el interior de la caja. El concepto de Reich es exacto, pero se equivocó en cuanto a la forma de la caja. Los egipcios conocían bien la energía psi-org. La utilizaron para transportar por el desierto los grandes bloques de piedra con los cuales construyeron sus pirámides. Descubrieron que la forma de la Gran Pirámide concentraba el psi-org. Yo fui el primero en descubrir que si se combina esa forma con el principio de Reich, de las sustancias laminadas, el efecto se multiplica por 777. La llamo la pirámide pi-fi-psi.

—Pero sus pirámides no son laminadas —objeté—. Están hechas de hojas de plexiglás.

—De ninguna manera —replicó el doctor Matrix—. Si las examina con cuidado verá que cada cara está formada por dos delgadas láminas de plástico. Cada lámina se fabrica de acuerdo con una fórmula distinta y secreta. La exterior transmite el psi-org, la interior lo refleja.

—¿Lo ha verificado?

—Mil veces. Hemos realizado una gran cantidad de pruebas bajo estrictos controles, supervisadas por el doctor Harald Puton (estafa) un competente físico belga que hace unos años participó del movimiento cientológico de Bruselas. Descubrió que el hecho de sentarse bajo una pirámide pi-fi-psi aumenta la energía psi. Uno se vuelve más telepático, más vidente y precognitivo. Se facilitan las experiencias extracorpóreas. El médium israelí Uri Geller estuvo aquí hace unas semanas. Cuando estaba dentro de la pirámide, derretía todos los objetos metálicos que tocaba. También se

3. Poco antes había leído el ingenuo opúsculo *Me and the Orgone* (El orgón y yo), del cómico Orson Bean (Nueva York, Fawcett Paperback, 1972). Con respecto a la concepción de Reich de la energía del orgón (tan graciosa como cualquiera de los monólogos cómicos de Orson Bean), recomiendo la breve biografía *Wilhelm Reich*, de David Boadella (Nueva York, Dell, 1975).

acelera la curación por sugestión. La semana pasada One Tooth trajo a su hermana con la pierna izquierda fracturada. Pasó una hora en la pirámide y su pierna quedó como nueva.

¿Sonreía irónicamente? Nunca se sabía dónde terminaba su fe y empezaba el engaño. El campo magnético del cuerpo se vuelve más intenso dentro de la pirámide, prosiguió. Me mostró dos fotografías de una mariposa viva. La que había sido tomada fuera de la pirámide mostraba una tenue aureola blanca, la otra una aureola azul de varios centímetros en torno de las alas.

—¿Podría explicarme el significado de esos números? —pregunté, señalando un pisapapeles piramidal.

Me lo explicó. Cada una de las ocho aristas de la pirámide, dijo, muestra un número distinto, del conjunto de enteros de 1 a 10 inclusive. La suma de los números de las aristas que se unen en cada vértice (los cuatro de la base y el ápice) es $4^2 = 16$. Tomé el pisapapeles y lo estudié. Era verdad, tanto para los vértices de la base, donde se unían tres aristas, como para el ápice, donde se unían cuatro.

Gracias a esos números, prosiguió el doctor Matrix, la pirámide adquiría propiedades mágicas que aumentaban su poder pi-fi-psi. Señaló que *p,* la inicial de PIRÁMIDE, es la decimosexta letra del alfabeto. Entre la *pi* inicial y la *de* final se encuentran las letras del nombre de la madre de Jesús. *(Pyramid* y *Mary).*

—¿Qué me dice de la *de* final?

—Es el nombre de la letra *d,* la cuarta letra del alfabeto. Simboliza los cuatro lados de la estructura y es la raíz cuadrada de 16, la constante mágica. Pregunte a sus lectores si son capaces de colocar los números correctamente en las aristas para lograr una pirámide mágica. Hay una sola solución, considerando que no se cuentan las obtenidas por rotación o reflexión.

—Perfecto —dije—. Dibujé la pirámide en mi libreta y anoté la solución por las dudas. (Véase Respuestas, Seis). —¿Podemos cambiar de tema? ¿Existe alguna significación numerológica en el incidente de Nixon con Watergate?

—No podía ser de otra manera —respondió—. Pero el futuro de Nixon se presenta tan sombrío que prefiero no discutirlo. Ahora que me acuerdo, al sur del lago hay una localidad llamada Nixon. Un retiro allí no le vendría mal. Le beneficiaría enormemente pasar un par de horas diarias sentado en la cima de Pyramid Rock. En todo caso, no sería tan incómoda como su actual posición en la cima de la estructura piramidal del poder.

—¿Y algún comentario sobre Henry Kissinger? Hace poco me dijeron que si la célebre diva operística Wanda Waleska se casara con Howard Hughes, luego se divorciara y se casara con Henry, se llamaría Wanda Hughes Kissinger.[4]

—Su sentido del humor me subyuga —dijo el doctor Matrix sin sonreír—. Creo que conoce el último versículo del capítulo 13 del último libro de la Biblia.

Asentí: «Quien tenga inteligencia calcule el número de la bestia, pues es número humano. Y su número es seiscientos sesenta y seis».

—No digo que Kissinger sea la Bestia, pero existe una curiosidad numérica que divertirá a sus lectores. Sea *a* igual a 6, *b* igual a 13, *e* igual a 18, y así sucesivamente, con los múltiplos de 6. La suma de los valores de KISSINGER es igual a 666.[5]

—Maravilloso —reí, sin dejar de anotar—. Ayer, mientras viajaba en el avión, se me ocurrió que NEVADA tiene 6 letras y es el 36° Estado de la Unión. El 36 es el cuadrado de 6.

—Los dados —asintió el doctor Matrix— tienen seis lados. El 6 es el número más elevado de un dado y el 36 el más elevado de la ruleta: por algo el 36° Estado de la Unión alberga los tres centros de juego más grandes del país. Seis es la suma de 1, 2, 3 y 36 es la suma de los cubos de 1, 2, 3. Además 6 es también el producto de 1, 2, 3. Y ya que estamos, ¿sabía usted que 1, 2, 3 es el único conjunto de números enteros positivos, primos entre sí, tal que la suma de dos cualesquiera de ellos es divisible por el tercero?[6]

—No lo sabía —dijo al apuntarlo.

---

4. Su pronunciación es similar a *Wonder who's kissing her* (me pregunto quién la besa) (N. del T.).

5. Esto fue descubierto por Wayne B. Johnson, de Albany, Oregón, y publicado en el diario *News-Register* de McMinnville, Oregón (2/3/74). Robert A. De Forest, de Sheridan, Oregón, envió una copia de la carta al doctor Matrix.

6. La demostración de esto y de que 2, 3, 5 es el único conjunto de números enteros positivos tal que el producto de dos de ellos dividido por el tercero deja un resto de 1, aparece en «Two Unique Sets of Numbers», de E. P. Starke, en respuesta al problema E1234 (¡un número significativo!) de *American Mathematical Monthly* 64, 1957, 275.

—También cabe anotar —prosiguió el doctor Matrix—, que los números de la ruleta suman 666. Es el trigésimo sexto número triangular, y existen *seis* números triangulares formados por un solo dígito.

—¿Incluyendo el 1, el 3 y el 6, que son triángulos de un dígito?

—Por supuesto.

—¿Cuáles son los otros tres?

—55, 66 y 666.[7]

—En algún lugar escribí que si el diablo juega al *pool* lo hace en una mesa gigantesca y empieza con 666 bolas en formación triangular.

—Es muy probable. No cabe duda de que el 6 es el número del diablo. Tentó a Eva en la sexta hora del sexto día de la creación. Pero fueron los videntes egipcios quienes mejor supieron aprovechar el cuadrado de la suma de 1, 2, 3.

La cabeza de One-Tooth se asomó a la puerta:

—¿Me llamaron?

El doctor Matrix meneó la cabeza y prosiguió:

—Como le estaba diciendo, Osiris tenía 36 formas. Los egipcios dividían el cuerpo humano en 36 partes, sujeta cada una a un demonio diferente, propio de cada una de las 36 partes del zodíaco egipcio. No quiero aburrirlo con un comentario sobre la forma como Nabokov emplea el 36 en *The Real Life of Sebastian Knight*. Sebastian vive en el número 36 de cierta calle. Lo internan en el cuarto 36 del hospital. Muere en 1936 a los 36 años, y así sucesivamente. Pero —miró su reloj—, tenemos poco tiempo.

—¿Es indispensable desnudarse para absorber el efecto de la pirámide?

—Indispensable no, pero ayuda. Tenemos algunos modelos opacos en la playa para las personas pudorosas. La semana pasada, Indy Clutch (agarrar) una maestra de Wadsworth, se introdujo en una pirámide y a los cinco minutos el psi-org la había excitado tanto, que salió y corrió desnuda

7. E. B. Escott demostró en 1905 que 1, 3, 6, 55, 66 y 666 son los únicos triángulos de dígitos repetidos con menos de treinta dígitos. (Véase Dickson, L. E.: *History of the Theory of Numbers*, 2:33). En 1972, David W. Ballew y Ronald C. Weger anunciaron que los resultados de sus investigaciones con una computadora demostraban la inexistencia de números similares. (Véase *Notices of the American Mathematical Society* 19, 1972, A-15). Ballew y Weger desarrollan una demostración numérica teórica en «Repdigit Triangular Numbers», *Journal of Recreational Mathematics*, 8, 1975-76, 96-98.

por la calle principal de su pueblo hasta que el comisario la atrapó y la invitó a almorzar.

Le pregunté si en verdad la pirámide podía detener e inclusive revertir el proceso de descomposición de la materia orgánica. El doctor Matrix respondió que estaba tramitando las patentes de varios artefactos basados en esa propiedad del psi-org: un refrigerador con *freezer* piramidal, un ataúd piramidal (para quienes deseaban embalsamar el cadáver) y una cámara séptica piramidal. Incluso estaba experimentando con una instalación sanitaria piramidal que, además de evitar el estreñimiento, deshidrataba y purificaba los desechos. Lo llamaba el «inodoro pi-fipsi-mi».

Pasé cinco días en Reno. Por las mañanas y las tardes salía a pescar enormes truchas y una sabrosa variedad de pez que los indios llaman *cui-ui*. Por las noches cenaba con Iva en uno de los restaurantes del balneario de Sutcliffe. El sábado alquilé una lancha con motor y fuimos a la isla Anaho, una reserva avícola de unas cien hectáreas de extensión, para observar los ritos de apareamiento de los pelícanos blancos. Iva llevaba un sombrero de paja de forma piramidal: me dijo que agudizaba su mente y corregía su astigmatismo.

Pocos días después de mi vuelta a Manhattan leí con tristeza en el *New York Times* que el Estado de Nevada iba a entablar juicio contra el doctor Matrix. Se le acusaba de vender permisos de distribución por varios miles de dólares a un gran número de personas en otros Estados, las cuales a su vez deberían revenderlos a otras personas, y así sucesivamente. Era uno de esos planes piramidales condenados de antemano a derrumbarse estrepitosamente.

Traté de comunicarme con Iva, pero su línea telefónica estaba anulada. Dos días después el *Times* informó que cuando la policía allanó la fábrica para arrestar al doctor Matrix, sólo encontró a One-Tooth Ree, quien acababa de quemar los libros de la empresa en el jardín. La policía secuestró una carta del doctor Matrix. Allí se decía que el 6 de junio a las 6 de la mañana —la sexta hora del sexto día del sexto mes— el numerólogo y su hija se introdujeron en una de sus grandes pirámides, que los teletransportó a un monasterio en el Tíbet.

7
LA BIBLIA[1]

Al escuchar la cinta de mi contestador automático (había pasado algunos días fuera de la ciudad), escuché con sorpresa la voz de Iva, con el siguiente, enigmático mensaje: «Isaías 50, versículo 2, primera frase», seguido de un número telefónico. Consulté la Biblia: «¿Por qué vine y no había nadie, llamé y nadie respondió?».

Llamé al teléfono indicado y escuché, azorado, el relato de la última hazaña de su padre. Los dos habían pasado más de un año en un monasterio del Tíbet, pero contra lo que yo suponía no era budista sino de una extraña secta protestante fundamentalista, la autodenominada Iglesia del Vero Verbo. Durante seis meses el doctor Matrix se había dedicado a escribir un comentario de la Biblia, en trece tomos.

Iva me dijo que la monumental obra aparecería en inglés en Suiza, y que ya se estaban efectuando traducciones al francés, alemán y ruso. Su padre corregía las traducciones y dirigía la distribución europea de la versión en inglés desde su domicilio actual, en París. Ella había viajado a Nueva York para conversar con una importante editorial, interesada en adquirir los derechos de distribución de la obra en Estados Unidos.

El doctor Matrix me enviaba un ejemplar de regalo de su gran obra, lo que fue para mí una satisfacción casi tan grande como volver a ver a

---

1. Para esta traducción se ha empleado la versión de la Biblia de José María Bover y Francisco Cantera Burgos (Madrid, La Editorial Católica, 1957). Los acertijos y sobre todo los anagramas han sido adaptados, ya que la traducción textual era, desde luego, imposible. Téngase en cuenta además que la Biblia protestante excluye seis libros del Antiguo Testamento, a los que considera apócrifos, en tanto la Iglesia católica los considera auténticos. Por eso el Apocalipsis, el 66° libro en esta obra, es el 72° en las Biblias católicas (N. del T.).

Iva. Desgraciadamente, por razones de espacio, es imposible incluir aquí una reseña a la altura de esta obra monumental. Sería más fácil reseñar la última de la *Encyclopaedia Britannica*, a cargo de Mortimer J. Adler. Sin embargo, haré lo que pueda.

El título de la obra es *The King James Bible, with Commentary and Critical Notes by Irving Joshua Matrix, D. N.* (La Biblia, Versión Autorizada, con comentarios y notas críticas de Irving Joshua Matrix, doctor en numerología). No se incluyen los Apócrifos. Cada tomo mide veintiocho por veinte centímetros, por seis centímetros de espesor, y su peso es de algo menos de dos kilos. El papel es delgado y de excelente calidad. Los números cardinales que aparecen en el cuerpo principal están impresos en tinta verde, los ordinales en azul. Los pasajes referidos a problemas matemáticos están impresos en tinta marrón oscura, y los que se refieren a problemas combinatorios, sean numéricos o literales, en violeta.

La portada contiene una cita de Job 14:16: «En vez de contar, como ahora, mis pasos». Los diez tomos dedicados al Antiguo Testamento están encabezados por la cita «Enséñanos a computar nuestros días» (Sal. 90:12). La inscripción que encabeza los tres tomos dedicados al Nuevo Testamento es «Y de vosotros, hasta los cabellos de la cabeza están todos contados» (Mt. 10:30).

El comentario del doctor Matrix no tiene mucho que ver con la numerología utilizada por los cabalistas de la antigua Judea (que asignaba números a las 22 letras del alfabeto hebreo), ni por la de Leonard Bernstein (quien adoptó esa técnica cuando compuso la música del ballet *The Dybbuk*, de Jerome Robbins). Tampoco le interesan los juegos numéricos del cristianismo medieval, basados en los valores de las letras griegas. En algunas ocasiones se refiere a ese gran cuerpo literario del misticismo numérico hebreo y cristiano, pero en general, como precursor de la numerología moderna, se limita a explorar el texto bíblico en busca de pautas combinatorias desde el punto de vista de esa disciplina.

Ya en la introducción, el doctor Matrix observa que ANTIGUO tiene siete letras, TESTAMENTO tiene diez. El producto de diez por siete es setenta, una clara referencia a la antigua versión Alejandrina, llamada De los Setenta. NUEVO TESTAMENTO tiene quince letras, como Jesús el Salvador.

La larga nota sobre Génesis 4:14-15 sorprenderá a muchos lectores. Es el pasaje en el cual Caín expresa su temor de que cualquiera que lo encuentre lo matará. Puesto que Caín y Abel fueron el primo y el segundogénito, respectivamente, de Adán y Eva, la población del mundo en ese momento sólo podía constar de Caín, sus padres y tal vez algunas hermanas. Siendo así, ¿quién trataría de matarlo?

El doctor Matrix halla la respuesta en *La ciudad de Dios*, de San Agustín (dividido por él en veintidós partes, dice el numerólogo, porque veintidós eran las letras del alfabeto hebreo). De acuerdo con la cronología de Génesis 4 y 5, Abel fue asesinado en el año 129 después de la creación. 5:4 nos dice que Adán «engendró hijos e hijas».

¿No es razonable suponer, pregunta el doctor Matrix, que Adán y Eva tuvieron un hijo cada año? Para el año 129 habría 129 hijos. Supongamos que la distribución por sexos era pareja, que no hubo muertes antes del asesinato de Abel y que los hermanos y hermanas se casaron y tuvieron un hijo a partir de, digamos, los dieciocho años de edad. Con ese criterio se calcula que, cuando Caín mató a su hermano, Adán y Eva tenían más de 3000 nietos y más de 90.000 bisnietos. El doctor Matrix suma estas cifras a los tátara^2–, tátara^3 – y tátara^4 – nietos y calcula que en la época del asesinato la población mundial había alcanzado el medio millón (véase la Figura 16).

El doctor Matrix hace una serie de observaciones curiosas sobre las edades de los patriarcas. La edad de Matusalén, 969 (Gén. 5:27) es evidentemente palindrómica. Existen cuatro maneras de expresarlo como la resta de los cuadrados de dos números menores de 500. Invirtiendo el 969 se obtiene 696, número palindrómico que se puede expresar de cuatro maneras como la resta de dos cuadrados cuyas raíces son menores de 500. Además, el 969 es el 17° número tetraédrico. Con 969 balas de cañón se puede construir una pirámide tetraédrica de 17 balas en cada arista. La cifra de los años de Enoc, padre de Matusalén, también presenta propiedades singulares. Vivió 365 años (Gén. 5:23), tantos como días hay en un año, hasta que fue trasladado (Gén. 5:24; Heb. 11:5).

El doctor Matrix demuestra que Matusalén murió en el año del Diluvio (véase la Figura 17). Tenía 187 años cuando nació Lamek (Gén. 5:25), Lamek tenía 182 años cuando nació Noé (5:28) y Noé tenía 600 cuando empezó el Diluvio (7:6). 187, 182 y 600 suman 969. «Es evidente que Matusalén no sobrevivió al diluvio sino que murió en el año en que sucedió», dice Agustín (*La ciudad de Dios*, libro 15, sección 11).

El padre de Noé murió cinco años antes del Diluvio. ¿Permitió Noé que su abuelo Matusalén muriera en el Diluvio, como sugiere H. S. M. Coxeter en su artículo «An Ancient Tragedy», *Mathematical Gazette*, 55 (1971), 312? El doctor Matrix lo refuta con la opinión del rabino Solomon Itzhaki, llamado Rashi, un acrónimo formado con las letras hebreas de su nombre. Rashi, comentarista francés de la Biblia y el Talmud que vivió en el siglo XII, sostiene que Matusalén murió poco antes de que se iniciara el Diluvio. Dios esperó a que pasaran los siete días de luto («Pues dentro de siete días voy a hacer llover sobre la Tierra...» Gén. 7:4) antes de iniciar el Diluvio.

El doctor Matrix incluye millares de notas sobre los números que se mencionan en la Biblia, pero aquí me limitaré a señalar los que me llamaron la atención. Afirma que el entero más grande que se menciona explícitamente es 200.000.000, los «dos centenares de millones» que formaban el ejército de caballería de Apocalipsis 9:16. El primero que aparece es también el más pequeño: el ordinal 1 («primer día», Génesis 1:5). En la misma nota observa que el entero menor que *no* se menciona en la Biblia es el 43.

En cuanto a los 153 peces atrapados en la red que no se rompió (Juan 21:11), el doctor Matrix reproduce el análisis expuesto en *Tratados sobre el Evangelio de San Juan*, de Agustín. Tomamos 10 (decálogo) como símbolo del antiguo designio divino y 7 (los dones del espíritu) como símbolo del nuevo. Los dos suman 17, y la suma de todos los enteros de 1 a 17 inclusive es 153. El doctor Matrix señala que el 17 es el séptimo número primo (y por ello el más santo). El binario que corresponde a 153 es el palíndromo 10011001. Con respecto a los 276 náufragos (Actos 27:37), el doctor Matrix observa que 276 es la suma de las quintas potencias de 1, 2 y 3.

El 490 —los «setenta veces siete» pecados de un hermano que se deben perdonar, según le dijo Jesús a Pedro (Mt. 18:22)— es la cantidad de veces que se puede dividir el número 19 en enteros positivos que suman 19. Daniel 9:24 habla de «setenta semanas». Si uno supera los 490 pecados y comete el 491° (que sirvió de base a la película *491*, de Vilgot Sjoman), el número ordinal del pecado que no se perdona es primo. «Además —agrega el doctor Matrix— es la suma de los cuadrados de los primos 3, 11 y 19 la resta de los cuadrados de los números consecutivos 245 y 246.

Figura 16. ¿Cuántos habitantes tenía el mundo cuando Caín mató a Abel?
(Grabado de Doré)

Figura 17. ¿Matusalén murió durante el Diluvio? (Grabado de Doré)

Por el comentario del doctor Matrix me enteré de que el 666, el número de la bestia en Apocalipsis 13:18, ya aparece en el Antiguo Testamento: 1 Reyes 10:14 dice que es el número de talentos de oro que recibía Salomón en un año, y Esdras 2:13 dice que es el número de hijos de Adoniqam, nombre que significa «señor de los enemigos». No me había dado cuenta de que el Apocalipsis es el 66° libro de la Biblia, ni de que el 18, el versículo que menciona al 666, es la suma de los dígitos que componen el 666. No trataré de resumir sus comentarios sobre la historia de las interpretaciones del número de la bestia, que ocupan más de 50 páginas del libro. Sin embargo, cabe resaltar un pasaje referido al número 1480, muy apreciado por los numerólogos medievales porque se obtiene sumando los valores asignados a las letras griegas de CHRISTOS. El doctor Matrix lo vincula con el 666 de manera extraña. Su diagonal (redondeada) es 2093. Si se traza un círculo de circunferencia 2093, su diámetro es ¡666!.

También existe un extraño vínculo entre 666 y pi, que se observa en un magnífico criptograma aritmético, atribuido por el doctor Matrix a Alan Wayne, de Holiday, Florida, experto en la construcción de estos juegos:

SIX + SIX + SIX = NINE + NINE[2]

Cada letra representa un número; a la letra igual, número igual. Hay una sola solución. Cuando la halle, el lector descubrirá cómo aparece pi de dos maneras distintas. (Véase Respuestas, Siete, I).

Dos veces aparece en la Biblia la misma aproximación a pi: en 1 Reyes 7:23 y en 2 Crónicas 4:2. En los dos casos se habla de un «mar de metal fundido» circular, de diez codos de diámetro y treinta de circunferencia. Se podría suponer que la mayor aproximación a pi lograda por los autores del Antiguo Testamento era 3, pero el doctor Matrix va más allá. El primer versículo que habla de pi es el 1 Reyes 7:23. Restando la inicial 1 del terminal 23 se obtiene 7:22; 22 dividido entre 7 es 3,14+, una buena aproximación a pi. Más aún, el doble de 7 es 14, la mitad de 2 es 1 y el doble de 3 es 6, lo que da a 1416, una excelente aproximación a los primeros cuatro decimales de pi.

2. Las palabras dicen, textualmente seis + seis + seis = nueve + nueve (N. del T.).

El doctor Matrix recuerda que en 1966 había vaticinado que el millonésimo dígito de pi sería 5, sobre la base del tercer libro del Antiguo Testamento, capítulo 14, versículo 16. El vaticinio quedó confirmado en 1974, cuando los matemáticos de París computaron pi hasta el millonésimo decimal. (El millonésimo dígito *decimal,* excluido el 3, es 1). De todos modos la aproximación bíblica de pi es más bien tosca, lo cual podría deberse, según el doctor Matrix, a que Moisés destruyó las «tablas» (Ex. 32:19).

El número más misterioso de la física moderna es la constante de la estructura fina, y el doctor Matrix no la pasa por alto. Si se eleva la carga elemental *e* al cuadrado y se la divide por el producto de *e* (velocidad de la luz) y *h* (la constante cuántica), se obtiene 1/137, la recíproca de la constante. Según el doctor Matrix, la primera mención del 137 en la Biblia es la edad de Ismael (Gén. 25:17); luego aparece como las edades de Leví (Ex. 6:16) y de Amram (Ex. 6:20). Se excusa luego de desarrollar su propia teoría acerca de cómo derivar el 137 de estos nombres que, afirma, están vinculados con la teoría de la relatividad y la mecánica cuántica. (Dice que está escribiendo una monografía sobre el tema). Sin embargo, reproduce la anécdota sobre el físico Wolfgang Pauli quien, después de muerto, le preguntó a Dios de dónde había sacado el 137. Dios le entregó unas hojas; llenas de fórmulas matemáticas y le dijo: «Ahí tiene la explicación». Pauli estudió las fórmulas, frunció el entrecejo, alzó la vista y dijo: *«Das ist falsch».*

En tres versículos del Apocalipsis (7:4, 14:1 y 14:3) se habla de 144.000 santos de pie ante el trono del Padre, cantando un nuevo cantar, con el nombre de Dios escrito en la frente. Apocalipsis 7 aclara que se trata de 12.000 santos tomados de cada una de las tribus de Israel (véase también Mt. 19:28). El doctor Matrix dedica varias páginas a las sucesivas interpretaciones de los comentaristas de la Biblia, desde Orígenes hasta las sectas adventistas contemporáneas, como los Testigos de Jehová y los Adventistas del Séptimo Día. Los Testigos creen que en 1918 se inició una resurrección invisible, y que 144.000 santos irán al Cielo, mientras que varios millones permanecerán en la Tierra y jamás morirán. Los Adventistas del Séptimo Día afirman que 144.000 santos *vivos* serán trasladados al Cielo el día de la Segunda Venida.

A partir de su profundo conocimiento de la literatura adventista primitiva, el doctor Matrix reproduce un divertido pasaje de una de las primeras visiones de la señora Ellen Gould White, la notable mujer que fundó el movimiento adventista. En estado de trance la señora White vio a los 144.000 santos parados sobre un mar de vidrio, formando un «cuadrado perfecto». No se dio cuenta, dice el doctor Matrix, que la raíz cuadrada de 144.000 no es 120 ni 1200 sino el número irracional 379,4733+ .

Años después, dice el doctor Matrix, cuando la señora White escribió su célebre libro *The Great Controversy Between Christ and Satan* (La gran controversia entre Cristo y Satanás), dijo que los santos formaban «un cuadrado hueco «con Jesús en el centro». En ediciones posteriores modificó la frase: «Las huestes refulgentes forman un cuadrado hueco en tomo de su Rey, que se alza majestuoso sobre los santos y los ángeles».

Quizá, razona el doctor Matrix, el subconjunto de 144.000 santos trasladados al Cielo forma un «cuadrado hueco», y cita un análisis de Harold F. Williams, profesor de matemática en la universidad adventista Platte Valley Academy de Shelton, Nebraska. Si se supone que los santos forman un cuadrado perfecto con un hueco central, también cuadrado, cuyos lados son paralelos a los del perímetro exterior, existen 36 maneras de lograr esa disposición. 36 es un número cuadrado y a la vez un divisor exacto de 144.000. ¿Qué dimensión tendría el lado del cuadrado hueco más pequeño formado por 144.000 santos? (véase Respuestas, Siete, II).

El doctor Matrix no menciona el *best-seller There's a New World Coming,* de Hal Lindsey (Nueva York, Bantam, 1973), pero creo que a los lectores les interesará saber que, en el comentario sobre el Apocalipsis, se dice que los 144.000 santos serán evangelistas judíos conversos que predicarán el evangelio durante los siete años de graves convulsiones que sufrirá el mundo. Después de Herbert Armstrong y Garner Ted Armstrong, Lindsey es el mayor exégeta de las profecías bíblicas. En la actualidad es profesor en un centro de adoctrinamiento fundamentalista de California llamado J. C. Light and Power Company (Compañía J. C. de Luz y Fuerza).

Una de las más asombrosas pautas numéricas descubiertas por el doctor Matrix en la Biblia se relaciona con el número de capítulos de los cuatro evangelios. Mateo, Marcos, Lucas y Juan tienen en su orden 28, 16, 24 y 21 capítulos. En ese orden formamos la fracción compleja (28/16) / (24/21). Ahora invertimos el orden de los cuatro números: (21/24) / (16/28). Cada fracción simple se ha convertido en su recíproca, y el numerador y el denominador de la fracción compleja también se han invertido. A pesar de esta transformación, créase o no, el valor de la expresión no cambia. Es 1,53125. El doctor Matrix observa que los tres primeros dígitos forman el número de peces de la red que no se rompió. Para obtener los últimos tres decimales se toman los dos primeros (5, 3) y se eleva 5 al cubo.

Es extraordinario que una fracción compleja de cuatro números dé el mismo resultado después de semejante transformación. Para demostrarlo, invito al lector a buscar otros cuatro enteros, distintos entre sí, que formen una fracción compleja que posea la misma propiedad. (Véase Respuestas, Siete, III).

Apocalipsis 7:9 dice que el número de los salvados es «una gran muchedumbre, la cual nadie podía contar». Si nadie la puede contar, razona Matrix, los salvados forman un conjunto incontable e infinito. Puesto que el número de personas que habrán vivido en la Tierra será necesariamente finito, debemos concluir que en el universo existen incontables planetas donde hay vida inteligente. Si el número de tales planetas pudiera ser contado, entonces también lo sería el número de almas de todos ellos en cualquier momento de la historia del cosmos, lo cual contradice la Revelación.

Según el doctor Matrix, todo el Antiguo Testamento demuestra un fuerte interés por la matemática. Señala, con el matemático G. J. S. Ross, de la Universidad de Cambridge, que «comenzaron los hombres a multiplicar» (Gén. 6:1) desde que fueron creados, y siguieron haciéndolo en la época del Nuevo Testamento (2 Pe. 1:2; 2 Cor. 9:10). Realizaban divisiones (Gén. 15:10; Núm. 31:27), sumas (2 Pe. 1:5) y restas (Gén. 18:28). Aprendieron a «sacar raíces» (Ez. 17:9) y a luchar «contra las potencias» (Ef. 6:12).

Los patriarcas no desconocían la geometría abstracta. En varias ocasiones se habla de matrices (Ex. 13:12,15; 34:19; Núm. 3:12, 18:15). Ezequiel decía que los «aros» infundían «temor» (Ez. 1:18). Jeremías lamentaba las «abominaciones» en «los campos» (Jer. 13:27). A Pedro lo molestaron «cuatro cuaternios» (Ac. 12:4) y Jesús pensaba mal de quien «reclama signo» (Mt. 16:4).

El doctor Matrix atribuye a su amigo Dmitri Borgmann, autoridad mundial en juegos lingüísticos, una gran cantidad de datos sobre curiosidades con letras y palabras. «Lloró Jesús» (Jn 11:35) es el versículo más corto de la Biblia y «Eber, Peleg, Reú» (1 Cr. 1:25) es el más corto del Antiguo Testamento. El versículo más largo es Ester 8:9. La palabra más larga de la Biblia es el nombre Majer-salal-jasbaz, de 16 letras, mencionado en Isaías 8:1. El hombre más alto de la Biblia no es Goliat (seis codos y un palmo, 1 Sam. 17:4), porque se dice que Og, rey de Basán, dormía en una cama de nueve codos de largo (Dt. 3:11). El hombre de menor estatura no es Bildad el sujita, amigo de Job (Jb. 8:1) sino Habacuc, quien dijo: «Sobre mi puesto me colocaré»; (Hab. 2:1).

La práctica de «consultar» la Biblia en busca de soluciones a los problemas personales era muy común en la Edad Media. Los ritos variaban, pero los que creían en él dedicaban varios días a la oración y al ayuno y luego abrían la Biblia al azar para leer el primer versículo en el cual posaban la mirada. Las civilizaciones no cristianas también empleaban este método. Los griegos consultaban a Homero, los romanos a Virgilio, los moros al Corán, etcétera. De tanto en tanto la Iglesia emitía un decreto para condenar esa costumbre, pero la historia medieval conoce innumerables casos de vidas que se vieron profundamente afectadas por ella. El doctor Matrix identifica algunos de los pasajes bíblicos que cumplieron ese papel, sobre todo Romanos 13:13,14, al cual Agustín atribuye su conversión. En el libro 8 de sus *Confesiones* relata que se encontraba descansando bajo una higuera, cuando escuchó la voz de un niño que decía: *«Tolle, lege, tolle, lege»* (toma, lee). Eran las epístolas de Pablo. Abrió el libro al azar y leyó el pasaje que transformó su vida.

Yo no sabía, hasta que leí el comentario del doctor Matrix sobre el capítulo 11 de Proverbios, que esos treinta y un versículos se utilizaban para decir la suerte. Basta leer el versículo correspondiente al día del nacimiento y luego considerarlo un augurio. El doctor Matrix da como ejemplo a Richard M. Nixon, nacido un 9 de enero, cuyo versículo dice: «Con la boca el impío arruina a su prójimo, mas mediante el saber los justos son salvados». Esto podría interpretarse como una condena a Nixon por el problema de Watergate, pero un amigo suyo, según el doctor Matrix, dice que el versículo habla de la persecución que sufre Nixon a manos de sus enemigos y vaticina que finalmente el ex presidente será rehabilitado.

Aparecen centenares de notas con anagramas de nombres y frases bíblicas. Así, el anagrama de «los diez mandamientos» es «Zona sin Dios: temed mal». El de «plata y oro» (Dt. 17:17) es «lo parto ya». El de «El sueldo del pecado es muerte» (Rom. 6:23) es «Su cruel dedo pelea; sometedle».

Incluso hay notas sobre juegos de palabras. «Luego habló a sus hijos, diciendo: "¡Aparejad al asno!" Y lo aparejaron» (1 Reyes 13:27). Cualquiera sabe que cuando Jesús le dijo a Simón, «tú eres Pedro, y sobre esta piedra edificaré mi Iglesia» (Mt. 16:18), sabía que Pedro en griego significa piedra. ¿Pero quiénes sabían que algunas de las frases de Jesús, dichas en su dialecto arameo, contienen ingeniosos juegos de palabras? Según el doctor Matrix, cuando Jesús fustiga a los hipócritas que filtran el mosquito y se tragan el camello (Mt. 23:24), emplea los términos arameos GALMA y GAMLA, que significan mosquito y camello, respectivamente.

En algunos comentarios sobre los personajes bíblicos el doctor Matrix incluye viejos acertijos y jeroglíficos que se han convertido en clásicos. Aqul reproduzco tres, para que los lectores se devanen los sesos tratando de identificar a los personajes. (Véase Respuestas, Siete, IV).

1. Empieza en quinientos,
   Termina en quinientos,
   El cinco aparece en el centro.
   La primera letra,
   El primer número,
   También aparecen allí.
   Si encuentras la punta de esta madeja,
   Sabrás el nombre de un rey.

2. Un personaje bíblico sin nombre,
   Cuyo cadáver jamás se pudrió,
   Cuya muerte nadie jamás sufrió,
   Cuya mortaja en el almacén la compras.

3.

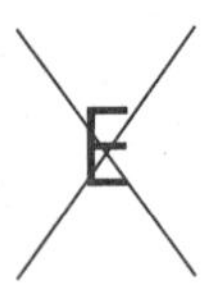

Figura 18. Rebeca baja del camello. (Grabado de Doré)

8
CALCUTA

«Gracias a la magia, la gente cuestiona el mundo. Eleva la conciencia. Quiero montar un espectáculo tan fantástico que la gente cuestionará la realidad que los rodea», dijo el prestidigitador Doug Henning al *New York Times* (9/7/76). Indudablemente, la creciente difusión de la magia en Estados Unidos es producto del auge del ocultismo y de la avidez del público por los milagros y el misterio. Mientras los cultos esotéricos, en su mayoría orientales, se difunden por todo el país, un pintoresco movimiento de conscientización se extiende como un reguero de pólvora por la región de Bengala, en la India.

Lo llaman MP, que son las siglas de Meditación Pentagonal. En occidente todavía no se lo conoce bien, debido tal vez a que surgió hace apenas un año en un pequeño templo de Shiva de las afueras de Calcuta, esa vasta megalópolis que la mayoría de los turistas evitan como la plaga. Me enteré de la existencia de la MP gracias a mi amigo Sam Dalal, un prestidigitador de Calcuta («Sam el Ilusionista»), director de la ágil revista *Mantra,* dedicada a la magia, y de la cual soy suscriptor y ocasional colaborador. Sam me envió un recorte periodístico sobre la MP, con una foto de su fundador, el gurú Marahashish, y su ayudante Zuleika parados frente al templo. Los rasgos de Marahashish estaban ocultos detrás de una frondosa barba blanca y la cabellera que enmarcaba su rostro, pero Zuleika sonreía ante la cámara sin tratar de ocultarse. Su tez era oscura, en su amplia frente llevaba la marca de casta Shiva —tres rayas horizontales—, pero esos bellos ojos orientales eran inconfundibles: ¡Iva, la hija eurasiástica del doctor Matrix!

Muy apropiado, pensé. Si se quitan las dos primeras letras de Shiva, queda Iva. Avisé a Sam por telegrama que llegaría a Calcuta al día siguiente.

Hacía diez años que no lo visitaba, pero mientras el ómnibus desvencijado recorría el camino del aeropuerto Dum Dum al Grand Hotel, los inconfundibles olores de Calcuta penetraron por las ventanillas abiertas. Eran las cuatro de una mañana calurosa, brumosa y sofocante. Los nuevos edificios no habían cambiado el aspecto de la ciudad. Los menesterosos dormían en las aceras, tendidos como cadáveres bajo sucias telas de algodón que parecían mortajas. Y por la mañana más de uno resultaría ser un cadáver. Algunas vacas rondaban por las calles, husmeando en la basura. Los madrugadores se lavaban en las bocas de agua o hacían sus necesidades en los callejones. No conozco otra ciudad donde uno se encuentra cara a cara con el hambre, la miseria y la muerte como en Calcuta. La única manera de conservar la cordura es imaginar que nada de lo que uno ve es real, que todo es falso como un estudio cinematográfico: una película de terror en colores, proyectada sobre una pantalla ancha para provocar asco y fascinación en los espectadores.

Me reuní con Sam esa misma mañana en su oficina atestada de papeles, en el segundo piso de un edificio del centro de la ciudad. No había cambiado: seguía siendo un joven esbelto, animoso, de rasgos armoniosos, bigote y barba negros y ojos azabaches. Sam es un parsi zoroastriano de Bombay. Como buenos aficionados a la magia, pasamos directamente a los nuevos trucos de naipes, sin perder el tiempo con bueyes perdidos.

Sam quería conocer al doctor Matrix. Sabía que el gran numerólogo había trabajado en su juventud con el célebre mago japonés Tenkai, y tenía fama de hombre diestro en el arte de birlibirloque. Almorzamos y nos fuimos en el Fiat negro de Sam al templo, a una hora de distancia de la ciudad.

Sam se abrió paso lentamente en medio de la maraña de automóviles y *rickshaws*. Cruzamos Maidan, el hermoso parque del centro de Calcuta, doblamos hacia el norte por el Red Road y luego hacia el oeste para cruzar el puente Howrah. Centenares de hindúes se bañaban en el río Hooghly. Un cadáver putrefacto flotaba a la deriva, río abajo. Era uno de los pobres de la ciudad, muerto durante la noche y arrojado al agua entre los desechos industriales.

Miles de hindúes mueren todos los años por beber la pestilente agua bendita pero, ¿a quién le importa? Los médicos de Calcuta, sobre todo los homeópatas, sostienen que los sobrevivientes se vuelven inmunes a las enfermedades locales.

Llegamos al templo de Shiva, recientemente restaurado, y un muchachito hindú, descalzo y vestido con impecables pantaloncillos blancos, salió a nuestro encuentro. Sam le dijo que yo era un periodista norteamericano que quería escribir una nota sobre la MP. ¿Se dignaría el gurú Marahashish a recibirnos?

—El *sahib* nos honra con su visita —dijo el chico con una profunda reverencia.

Fue a una gran *nataraja*, la estatua tradicional de Shiva danzando, y oprimió un botón en el centro de la frente broncínea del dios. Sonaron campanas en el interior del templo. A los pocos minutos apareció Iva, envuelta en un *sari* decorado con taraceas pentagonales.

—¡Santo cielo! —exclamó.

Nos abrazamos (su aroma era más agradable que los de Calcuta) y, tras las presentaciones, nos condujo a la oficina de su padre. El piso del templo estaba cubierto de mosaicos nuevos que formaban una extraña figura periódica (véase la Figura 19). Parecía la representación de una estructura tridimensional, pero vistos más de cerca los bloques formaban una estructura imposible, que no podía existir en la realidad. Las paredes y los cielorrasos estaban cubiertos de enormes espejos, que reflejaban infinitas imágenes de Sam, Iva y yo en todas las direcciones.

En la entrada de un corredor nos detuvimos a estudiar una estatua de madera de Kali, la de los cuatro brazos, la encarnación «mala» de la consorte de Shiva y patrona de Calcuta. Según la leyenda, Vishnú desmembró a Kali y uno de sus dedos cayó en un lugar que desde entonces se llama Kalicutta: el campo de Kali. La tez de la diosa era negra. Entre sus labios, abiertos en una sonrisa maligna, asomaba su lengua roja. De sus orejas pendían hombres ahorcados y llevaba un collar de calaveras humanas.

—Está bailando sobre la figura de un hombre postrado —dije—. ¿Quién es?

—Su esposo, claro está —dijo Iva—. Me sorprende que las feministas norteamericanas no hayan difundido esta imagen. Aquí es una de las diosas más veneradas.

—Te envié un ejemplar de mi nuevo libro, *The Incredible Dr. Matrix*, publicado por Scribner's. ¿Lo recibiste?

—Y lo perdí —asintió Iva al abrir la puerta de la oficina—. Es uno de esos libros que, una vez empezado, uno no lo puede dejar hasta terminarlo. Bueno, debe excusarme. Nos veremos más tarde.

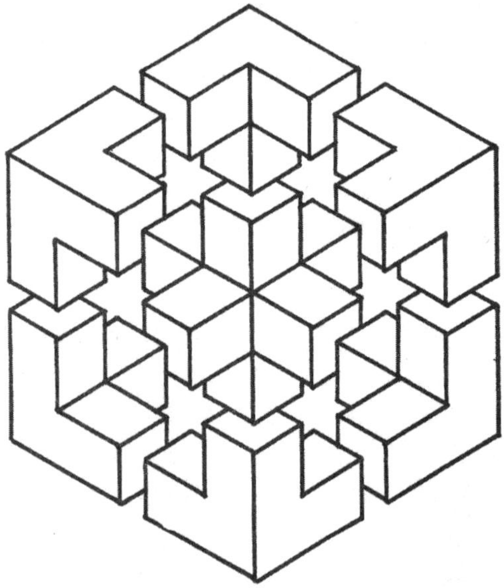

Figura 19. Estructura fundamental de la figura imposible formada por los mosaicos del piso del doctor Matrix

La alta silueta del doctor Matrix se irguió detrás de un escritorio. Había teñido de blanco su cabello y su barba y oscurecido su tez, pero no había manera de disimular esa enorme nariz aguileña. Un par de tupidas cejas negras separaban sus ojos verdes de las marcas de Shiva sobre su frente.

—Bienvenido a Calcuta —dijo con marcado acento británico—. Siéntense, les explicaré qué es la MP.

El doctor Matrix aprendió los cinco principios fundamentales de la MP en el Himalaya, cuando fue discípulo del *swami* Fondahondashankarbabasaranwrapi. El *swami*, cuyo rostro nos sonreía desde un retrato al óleo en la pared detrás del escritorio, lo llamaba Meditación Fundamental. El doctor Matrix había modificado el nombre por temor a las pullas que provocarían las siglas en inglés.

—El primer principio de la MP —dijo el DM— es: Lo que es, no es. Lo llamamos *nonest*. El universo, ustedes, yo, no es sino una monstruosa ilusión creada por Brahma, mientras su colega Shiva danza entre bambalinas. Su mejor símbolo es el *nataraja* (Figura 20). El universo acaba de iniciar uno de sus interminables ciclos. El aro ígneo es la bola de fuego del *«big bang»*, la gran explosión primigenia. El tambor en la mano superior derecha de Shiva marca el ritmo nonésico espacio-temporal. La llama en su mano superior izquierda es la energía que impulsa al mundo y acabará por devorarlo. Su diestra inferior está alzada en un gesto que significa «no temáis». La zurda inferior apunta a su pie alzado, símbolo que nos libera del *maya:* la poderosa ilusión, compartida por todos los no iniciados, de que el mundo es real.

Figura 20. Shiva, Señor de la Danza.
Escultura de bronce hindú, alrededor del 1000 d.C.

El doctor Matrix agarró un pequeño *nataraja* de marfil de su escritorio.

—¿Quién es ese enano bajo el pie de Shiva? —pregunté.

—El demonio de *avidya,* la ignorancia.

—Eso sí lo sabía —dijo Sam—. La única realidad es Brahman-Atman. El mundo no existe sino vagamente, a la manera de un sueño. Todos somos espectros de la mente de Brahma y, al igual que los mismos dioses, finalmente seremos absorbidos en el Uno. El influjo de *maya* nos hace ver el mundo fragmentado, pero esos fragmentos sólo son ilusiones provocadas por el Gran Ilusionista.

El doctor Matrix asintió solemnemente, acariciándose la barba. Aplaudió con una sola mano: entró una joven hindú con una copa de cristal llena de vino rosado. El doctor Matrix la colocó en el centro de una pequeña mesa redonda, una tabla en forma de disco, de un centímetro de espesor, apoyada en una pata central cilíndrica de un centímetro de radio por dos metros de altura. Cubrió la copa con un cilindro azul, abierto en los dos extremos.

—Enseguida veremos para qué sirve —dijo—. El segundo principio de la MP es lo que llamamos la «risa nonésica». Es así.

Sin sonreír, soltó una serie de chillidos agudos.

—¿Qué significa esto? —preguntó Sam.

—Es la manera como reaccionamos ante cualquier cosa que pueda despertar nuestras emociones. Si nada existe, nada puede perturbarnos. Si vemos un lisiado, un ciego, un mendigo famélico, reímos. Si vemos un cadáver, reímos. La risa nonésica cura la jaqueca y cualquier dolor. Nada existe, por consiguiente el mundo es perfecto. Es lo que no es: ¿por qué tratar de cambiarlo? Cuando un discípulo de la MP aprehende esta verdad, decimos que la ha «perdido». Al perder todas sus ilusiones, uno adquiere la verdadera paz interior y juega al tenis como un campeón.

—¿Cuál es el tercer principio?

—La santidad del cinco, el número de letras de Shiva. El cinco es el dígito central en la serie del 1 al 9. Es también el dígito central del *Lo Shu,* el cuadrado mágico chino de tercer orden.

—Recuerdo que en 1966, antes de que los franceses llegaran al millonésimo decimal de pi, usted predijo que el millonésimo dígito contando el 3 sería 5 —dije—. (Véase mi libro *New Mathematical Diversions,* pág. 100).

—Tuve razón, ¿verdad? El cinco es un número notable. En el siglo XVII, como usted sabe, sir Thomas Browne escribió un libro sobre la ubicuidad del cinco.

(No lo sabía, pero luego lo verifiqué. El libro se llama *The Garden of Cyrus or The Quincuncial Losenge or Network Plantations of the Ancients, Artificially, Naturally, Mystically Considered* (El jardín de Ciro o el mosaico cincunal o las redes de plantaciones de los antiguos consideradas desde el punto de vista artificial, natural y místico)).

—Veamos —murmuré—. Platón habla de cinco clases de sólidos.

—Así es —dijo el doctor Matrix, acariciándose la barba—. Se necesitan cinco puntos para determinar una curva cónica. La ecuación de quinto grado es la menor que no se puede resolver en términos de radicales. El número de divisiones necesarias para obtener el máximo común divisor de dos números nunca supera el número de dígitos del menor multiplicado por cinco. Todos los grupos de uno a quinto orden son conmutativos. Los ejemplos abundan.

—Ni qué hablar —terció Sam— de que hay cinco dedos en cada mano y cada pie, la estrella de mar tiene cinco brazos y la mayoría de las flores tienen cinco pétalos.

—¿Cómo se introduce el cinco en el aprendizaje de la MP? —pregunté.

—Ése es el tema de meditación de los neófitos. Cinco veces al día se sientan en la posición del loto durante cinco minutos, cierran los ojos, respiran por la fosa nasal izquierda y dicen la palabra «cinco» una y otra vez, mientras contemplan interiormente el número. Luego entonan un mantra secreto que les damos a conocer una vez que hayan entregado tres obsequios rituales a su maestro.

—¿Cuáles son esos obsequios?

—El primero es un espejo de mano. El mundo de la imagen especular simboliza el carácter ilusorio del mundo reflejado. El segundo es una banana, que significa el *shivalinga,* el símbolo fálico de Shiva, que es objeto de culto en toda la India. Como usted sabe, el placer sexual es una de las mayores ilusiones de Brahma. El tercer obsequio es el equivalente de un billete de cincuenta dólares, el primero de cinco pagos idénticos. Cada maestro debe donar la quinta parte de cada pago al templo.

—¿Sólo la quinta parte? —preguntó Sam.

—Sí. Zuleika ríe durante todo el trayecto al banco. El cuarto principio es la doctrina del eterno retorno. El ser humano tiene un cuerpo theta (equivalente al alma de los cristianos) que pasa por cinco encarnaciones, cada una en ciclo diferente del cosmos. Cada vez que Shiva nonestiza el universo con su danza, éste se expande durante cincuenta mil millones de años. Luego se contrae durante cincuenta mil millones de años y finalmente es absorbido en un agujero negro.

—¿El Agujero Negro de Calcuta?

El doctor Matrix pasó por alto mi observación, pero Sam hizo un mohín de desagrado.

—Después de cinco ciclos los universos se repiten. En la sexta encarnación el cuerpo theta vuelve al primer universo y al primer cuerpo físico. El símbolo de esto es una extraña serie numérica que me enseñó mi amigo el malabarista Ron Graham cuando lo visité en el laboratorio Bell de Murray Hill, Nueva Jersey. ¿Tiene usted su calculadora de bolsillo?

—Sí, jamás salgo sin mi calculadora y un mazo de naipes —dije, sacando mi calculadora barata de ocho dígitos.

El doctor Matrix me ofreció una hoja de papel y me indicó que anotara dos números reales positivos cualesquiera. Escribí pi y 76. Me dijo que sumara 1 al segundo número y dividiera el resultado por el primer número para obtener el tercero de la serie. Marqué 76, sumé 1 y dividí el 77 por 3,1415926. El resultado: 24,509861. Para obtener el cuarto número repetí la operación de sumar 1 y dividir por el número anterior. El resultado fue 0,335656. El quinto número fue 0,544946.

—Y ahora lo voy a dejar azorado —dijo el doctor Matrix—. Usted seguramente piensa que si sigue aplicando el algoritmo sólo obtendrá nuevos números tan horribles como los anteriores. Pruebe una vez más y vea qué sucede.

Ya lo creo que quedé azorado. ¡El número siguiente fue pi! En el lector apareció 3,1415931, pero eso se debió a los pequeños errores acumulados por la calculadora. El doctor Matrix me aseguró que si se hacen bien los cálculos se obtiene siempre una serie periódica de cinco elementos. Dejo al lector la tarea de hallar la demostración, que no es difícil de realizar.

El doctor Matrix hizo otras operaciones curiosas con el cinco, pero por falta de espacio me limitaré a reproducir la siguiente. Marque 555 y divida cinco veces por cinco. Los resultados son 111, 22,2, 4,44, 0,888 y por último

0,1776, el año de la independencia de Norteamérica. Pruebe el lector a repetir la operación con la mayor cantidad de cincos que aparecen en su calculadora.

—¿Cuál es el quinto principio? —preguntó Sam, que tomaba nota de todo.

—Es nuestro Principio Supremo, sólo lo revelamos a los estudiantes que han abonado la quinta cuota.

—¿Qué pasa con eso? —pregunté, señalando el cilindro azul.

—Un fenómeno nonésico —dijo el doctor Matrix—. Levante el tubo, si es tan amable.

No pude dar crédito a mis ojos: ¡la copa había desaparecido, con todo su contenido! Estudié el cilindro, pero no encontré nada sospechoso. Sam sonreía con malicia. Más tarde me dijo que él era el inventor del truco, y que el doctor Matrix seguramente lo había aprendido de algún prestidigitador local. ¿Adivina el lector en qué consiste el *modus operandi?*

—La copa y el vino no existían —dijo el doctor Matrix—. Eran ilusiones. —Rió nonésicamente—. Ahora le mostraré algo que le gustará aún más: una antigua danza de Kali.

Nos condujo de su oficina a un estrecho corredor que terminaba en un pequeño anfiteatro. Nos sentamos en la grada inferior. El doctor Matrix aplaudió otra vez con una mano (no pudimos descubrir cómo lo hizo) y ante esa señal se apagaron las luces y apareció un débil resplandor rojizo, provocado por bombillas ocultas en la circunferencia del techo.

De alguna parte llegaron las notas melancólicas de una *raga* hindú, ejecutada con instrumentos del país. El ritmo pareció acelerarse, pero era una ilusión porque en realidad no variaba. Bruscamente apareció Iva en el pequeño escenario, desnuda y con un espejo pentagonal sobre el ombligo. El espejo reflejaba la luz color rubí mientras su cuerpo se meneaba en una danza sensual de indescriptible belleza. A la luz escarlata su piel era negra como la de Kali.

—La desnudez de Zuleika —dijo el doctor Matrix— nos recuerda que debemos despojarnos de todas nuestras ilusiones. El mundo está desnudo porque no existe.

Al finalizar la danza, Sam y yo aplaudimos con fervor. ¡Viva la ilusión! exclamé, y me paré para darle un abrazo de felicitación a Iva. Mis brazos abrazaron el aire. Su imagen había desaparecido, pero su risa nonésica nos llegaba desde la lontananza. Era una ilusión provocada mediante espejos cóncavos.

Iva, Sam y yo volvimos a la ciudad y cenamos juntos en un restaurante japonés cerca del hotel.

—Comamos y bebamos con alegría —dijo Sam—, porque la realidad no es.

—Y porque mañana empiezo un nuevo régimen —acotó Iva.

Nos dijo que su padre estaba organizando una gran campaña publicitaria a fin de promocionar la MP en Estados Unidos, a cargo de Bagel Lox, antiguo vicepresidente de la fábrica de gaseosas Dr. Pepper. El pastor Jerry Rubin, el cantor John Lennon y su esposa y los actores Doug Henning y Mia Farrow ya habían visitado el templo de Calcuta (con todos los gastos pagados) y se convirtieron en devotos del culto. John Denver va a componer una canción sobre la MP, con el título «No te preocupes por lo que no es».

Me hubiera gustado pasar unos días más en Calcuta, pero Iva y su padre estaban invitados a un crucero en el yate del multimillonario L. Ron Hubbard, que se encontraba en los muelles de lo que Kipling llamó «La ciudad de la noche horrenda». Antes de partir de esa ciudad tan triste, pero a la vez tan extrañamente bella, Iva me entregó mi mantra secreta en un sobre cerrado.

Cuando mi avión remontaba vuelo sobre el Océano Nonésico, pedí un martini y leí mi mantra una vez más. *Oquet-ontos-oy.* Comprendí el significado cuando la segunda copa empezaba a alterar mi conciencia. Creí escuchar la risita de Iva, pero sólo era una alucinación auditiva.

9
STANFORD[1]

«Sólo sentí una mezcla de alegría y admiración; alegría por la manera cómo una idea abstracta, una mera palabra como "terremoto", adquiría vida al transformarse en una realidad perceptible, susceptible de ser verificada; admiración por el hecho de que la casilla de madera se mantenía en pie a pesar del temblor. No sentí ni una pizca de temor, sólo placer.

Estuve a punto de gritar: "¡Vamos! ¡Más fuerte!".

William James en la Universidad de Stanford, a las 5:30 de la mañana del 18 de abril de 1906, hablando del gran terremoto que destruyó a San Francisco».

—Para decirlo en el lenguaje vulgar —escribe Garret Harding, profesor de ecología humana de la Universidad de California en Santa Bárbara—, un aparato capaz de pronosticar los terremotos sería tan beneficioso como una patada en el trasero.

Esta cita aparece en su ensayo «Earthquakes: Prediction More Devastating than Events», incluido en la espléndida recopilación *Stalking the Wild Taboo* (William Kaufmann, 1973). Harding considera que si los geofísicos alguna vez descubren la manera de pronosticar los terremotos con gran

1. Los acertijos con palabras que aparecen en este capítulo han sido adaptados por el traductor, ya que su traducción literal vuelve imposible el acertijo. A lo largo del capítulo se hace un juego de palabras con el doble significado de *punk:* por un lado, la moda juvenil de los últimos años y por el otro «yesca», la materia combustible que se prepara a base de hongos secos. Es interesante notar que, en su primera acepción, *punk* es un término del argot carcelario que significa «inútil», aplicado a una persona (N. del T.).

exactitud, los trastornos sociales que provocarán los anuncios serán más perjudiciales que los propios temblores.

Por un extraño sincronismo, yo acababa de leer el ensayo de Harding cuando recibí una carta de mi viejo amigo Persi Diaconis, aficionado a la magia y profesor de estadística en la Universidad de Stanford. Persi me dijo que un sujeto que se hacía llamar doctor Punk Rockwell había alquilado una oficina en El Camino Real, entre Ro Rodwood City y Menlo Park, a unos 40 kilómetros del centro de San Francisco y a pocos minutos de Stanford. El doctor Rockwell era presidente de una empresa llamada Punk Earthquake Prediction Corporation (PEPC) (Compañía Punk de Pronóstico de Terremotos) y decía poseer un método nuevo e infalible para pronosticar los temblores telúricos.

Desde hacía varios meses, decía la carta, Rockwell y su asistente, Punky Anderson, prestaban servicios a los agricultores y los pobladores en general de la costa californiana, de Eureka a San Diego. El doctor Rockwell sostenía que las tensiones mecánicas que se acumulaban desde hacía varias décadas en la falla San Andreas, de unos mil kilómetros de largo, sobre todo las provocadas por los pliegues aparecidos recientemente en la zona de Palmdale, harían eclosión a fines de diciembre de 1977. Por la modesta suma de mil dólares, el doctor Rockwell revelaría la hora y la fuerza destructiva del temblor en cualquier punto situado a treinta kilómetros a la redonda de la falla.

La breve descripción del método de pronóstico de Rockwell me pareció tan absurda que se me ocurrió que todo era una broma de Persi. Pero todo quedó aclarado en el último párrafo de la carta: «El doctor Rockwell es un caballero de edad, alto, de nariz aguileña y ojos color esmeralda. Su ayudante es evidentemente oriental. Sólo puede tratarse del célebre numerólogo Irving Joshua Matrix y su hija eurasiática Iva».

Cada vez que el doctor Matrix y su hija reaparecen con una nueva estafa, dejo todo lo que estoy haciendo y voy a visitarles. Nunca les advierto de mi arribo. Es verdad que nunca los he delatado a la policía, pero ¿cómo asegurarles de que nunca habrá una primera vez? Por eso me parece sensato agarrarlos por sorpresa.

Alquilé un automóvil en el aeropuerto internacional de San Francisco y me dirigí hacia el sur por la autopista Bayshore. Persi me había ofrecido alojamiento en su casa. Era una noche de noviembre, fría y despejada, y la Luna se reflejaba pálidamente en las negras aguas de la bahía de San Francisco.

Persi y yo dedicamos buena parte de la velada a discutir las nuevas variaciones de las combinaciones de Zarrow y la distribución de Ascanio y la obra inédita de Persi sobre las probabilidades de adivinar las cartas mediante la percepción extransensorial. A la mañana siguiente fuimos a la casa matriz de la PEPC. Al oprimir el timbre de la entrada escuchamos un redoble de tambor asardinado.

Iva me abrió la puerta y, como siempre al verme, se sobresaltó. Pero entonces me dedicó una de sus seductoras sonrisas orientales, nos besamos en las mejillas y la presenté a Persi.

En realidad el sorprendido era yo. Iva vestía un par de pantalones vaqueros indescriptiblemente sucios. La bragueta estaba semiabierta y sujeta con un imperdible. El pantalón estaba roto en una pierna y dejaba ver unos buenos quince centímetros de muslo. Llevaba una harapienta camisa amarilla decorada con esvásticas negras y los faldones atados en un nudo sobre su vientre desnudo. Su pelo, teñido de color verde pálido, caía desgreñado sobre sus hombros. En lugar de aretes tenía un par de imperdibles dorados. Yo había leído algo sobre la llamada moda *punk,* que se había extendido desde Londres hasta la subcultura californiana, pero era más sucia de lo que había imaginado.

—El doctor Rockwell fue a una conferencia en el Stanford Research Institute —dijo Iva—, pero volverá en menos de una hora.

Dijo que varios sismólogos del Earthquake Research Center de Menlo Park y un alto funcionario del Ministerio de Defensa también asistían a la conferencia, e insinuó que existía la posibilidad de que el SRI recibiera un buen subsidio del gobierno para investigar las técnicas del doctor Rockwell.

Iva nos condujo a un pequeño laboratorio. En los estantes había centenares de grandes frascos de vidrio que contenían innumerables cucarachas, por lo menos un millón, pensé yo. Persi y yo escuchamos con una sonrisa sardónica la explicación que nos dio Iva sobre el sistema Rockwell. Dijo que el descubrimiento original pertenecía al doctor Helmut Schmidt.

Conocía la obra de Schmidt, un doctor en física que anteriormente dirigía el laboratorio de parapsicología de J. B. Rhine en Durham, Carolina del Norte. Unos siete años antes Schmidt había informado que las cucarachas aparentemente poseían la capacidad psicocinética (PC) de atraer choques eléctricos emitidos al azar, con una frecuencia superior a la que indicaba la ley de probabilidades. Sin embargo, Schmidt admite que detesta las cucarachas. Y puesto que es de suponer que a las cucarachas no les agradan los choques eléctricos, Schmidt y sus colegas sospechan que el agente de PC era el propio experimentador. De ahí, la teoría actualmente en boga, de que las cucarachas poseen un cierto grado de PC, pero ésta se ve ampliamente superada por la PC inconsciente de los experimentadores que sienten asco por esos insectos.

El doctor Rockwell, dijo Iva, había descubierto que, además de PC, las cucarachas tienen poderes de precognición. Su experimento empleaba una gran caja con puertas en los extremos, más allá de las cuales los insectos encontraban comida. A intervalos de una hora se abría una de las puertas, elegida al azar por una computadora que empleaba una cinta de dígitos binarios también elegidos al azar. Con este método se eliminaba la posibilidad de que las cucarachas emplearan su PC para alterar el proceso de elección de la puerta al azar. Los insectos aprendían a vaticinar cuál de las dos puertas se abriría. Varios minutos antes del momento de la apertura, las cucarachas se aglomeraban ante la puerta correspondiente.

—¿No se le ocurrió pensar que las cucarachas poseen un poder de clarividencia que les permite conocer los números registrados en la cinta? —preguntó Persi.

—Es una buena pregunta —sonrió Iva, y explicó que experimentos posteriores realizados por el doctor Rockwell le habían permitido descartar tanto la clarividencia como la PC—. Sería ridículo suponer —dijo— que el poder PC de las cucarachas es capaz de provocar un terremoto.

—No tan ridículo —dije yo—. No olvides que los terremotos destruyen los mercados y las cocinas, creando así enormes reservas de alimentos para las cucarachas. Millones de ellas unidas telepáticamente, podrían concentrar suficiente poder PC como para provocar un movimiento telúrico en una falla. Basta una pequeña patada para descargar las tensiones.

—Una gran patada es lo que te daré a ti —replicó Iva con una mirada furiosa—. Nos contó el sensacional descubrimiento efectuado por el doctor Rockwell en enero pasado. A partir del trabajo de un parapsicólogo ruso sobre la precognición en los insectos, el doctor Rockwell descubrió que la vitamina B-1 en grandes dosis y el humo de la yesca al arder aumenta enormemente el poder de precognición de las cucarachas.

Fortalecidas por la B-1, embriagadas por la yesca, las cucarachas se vuelven extraordinariamente sensibles a los temblores que se avecinan. Los instrumentos ópticos adecuados permiten controlar el estado anímico de los insectos y determinar con precisión el momento y la intensidad del temblor. El tiempo se mide en función de la distancia que recorre la cucaracha antes de detenerse; la intensidad, en función de la velocidad media del insecto.

Iva nos dijo que el doctor Wilhelm J. Levity, un parapsicólogo norteamericano que había emigrado a Rumanía, había duplicado las experiencias del doctor Rockwell con B-1 y yesca. Gracias a sus cucarachas rumanas el doctor Levity había vaticinado con dos semanas de anticipación el día y la hora del terremoto de 1977, que redujo el centro de Bucarest a escombros y mató a centenares de personas.

—Si así fuera, los rumanos lo presentarían como un héroe nacional —dijo Persi—. Sin embargo, no ha habido noticias de él.

—El gobierno rumano lo declaró secreto de Estado —dijo Iva—. Hemos tratado de comunicamos con Levity, pero en este momento ni siquiera sabemos si está vivo o muerto.

—¿Qué dicen las cucarachas sobre el próximo terremoto de California? —pregunté.

—Ya conocemos el día y la hora, pero sólo revelamos esa información a nuestros clientes, previo pago. Sin embargo, puedo asegurarles que se producirá antes del fin de diciembre y que el deslizamiento horizontal en los bordes de la falla de San Andreas alcanzará los dos metros. Ah, ahí llega el doctor Rockwell.

Escuchamos ruidos de pasos rápidos en el pasillo y entró el doctor Matrix. Vestía ajustados pantalones negros que parecían hechos del plástico que se usa para las bolsas de residuos y una camiseta negra con el rostro sonriente de Drácula en el centro. Su pelo estaba teñido de rosa y en la frente llevaba una venda que parecía cubrir una herida reciente.

—Con que es usted —dijo el doctor Matrix, con una mirada levemente hostil en sus ojos esmeraldas. Se volvió hacia Persi. —Y usted debe ser el doctor Diaconis.

—¿Nos conocemos?

—Asistí a su conferencia en Stanford sobre la ley de probabilidades aplicadas al póquer. Un amigo mío, que trabaja de tahur en Lake Tahoe, dice que usted es el segundo mejor tramposo al oeste del Mississippi.

—¿Y quién es el mejor? —sonrió Persi.

—Un servidor —dijo el doctor Matrix.

Iva se disculpó. El doctor Matrix nos condujo a su oficina, en el fondo del edificio, donde nos sentamos a conversar durante más de una hora. Sobre su escritorio había una banderita de los Estados esclavistas, y el presidente Millard Fillmore nos sonreía desde un gran retrato en la pared.

—Seguramente usted querrá saber cuál es la relación entre nuestra ropa *punk* y los terremotos. No sólo se trata de elevar el nivel de conciencia psi de las cucarachas. El movimiento *punk* es una gran protesta contra las terribles injusticias de la vida. El mundo es *punk* y mil veces *punk*. ¿Qué mejor símbolo de la crueldad de la naturaleza que un terrible terremoto que en pocos segundos troncha decenas de miles de vidas? Desgraciadamente, el próximo temblor en California será relativamente leve.

—En *The Jupiter Effect*, de John Gribbins y Stephen Plagemann, un terremoto destruirá a Los Angeles en 1982 —dije.

—Tonterías —dijo el doctor Matrix despectivamente—. Gribbin y Plagemann dicen que el temblor será provocado indirectamente por la gravedad de Júpiter, reforzada por la gravedad de todos los planetas alineados del mismo lado del Sol en 1982. Dicen que la gravedad de Júpiter alterará las manchas solares, las que a su vez inciden sobre la composición de la atmósfera terrestre y producen los temblores. ¿Observó que en el libro de Gribbin y Plagemann no aparece un dibujo de los planetas alineados? Eso se debe a que no estarán alineados. Los autores tienen razón cuando afirman que los planetas se encontrarán todos del mismo lado del Sol, pero estarán tan dispersos con respecto a la recta que bastaría esa ilustración para refutar su tesis. Además, existen pocas pruebas de la incidencia de los planetas sobre el comportamiento de las manchas solares y ninguna de la incidencia de las manchas sobre la atmósfera hasta el punto de afectar la falla de San Andreas. El libro de Gribbin y Plagemann es directamente idiota. Nuestras cucarachas dicen que Los Ángeles quedará destruido en 1987, un año primo.

El 1987 es un número primo notable, observó el doctor Matrix. En la serie de los primos formados por dígitos positivos en orden cíclico descendente y consecutivo, el 1987 es el tercero después del 19 y el 43 y el último antes del 76.543, el primo mayor de este tipo descubierto hasta ahora. Si se intercala el 0, aparecen el 109 y el 10.987. Los primos formados por dígitos en orden ascendente son más numerosos. Se conocen diecinueve de ellos, a partir del 23 y pasando por el 23.456.789 y el 1.234.567.891 hasta llegar al asombroso número 1.234.567.891.234.567.891.234.567.891. Este primo de 28 dígitos fue descubierto en 1972 por Raphael Finkelstein y Judy Leybourn de la Universidad de Bowling Green.

¿Puede el lector demostrar que no existen primos de dígitos en orden consecutivo descendente que empiecen con 9?

El doctor Matrix abrió un cajón de su escritorio y sacó un librito con tapas de papel. Persi y yo nos inclinamos para leer: *Alphabetic Number Tables, 0-1000* (Tablas alfabéticas numéricas del 0 al 1000). Las primeras líneas del prólogo dicen: «Con gran placer y no poca emoción publicamos estas tablas alfabéticas de los números naturales enteros, ordenados de acuerdo con sus nombres y la numeración romana». El librito había sido publicado por el Massachusetts Institute of Technology, el 1 de abril de 1972.

—Preparé estas listas para mis amigos del MIT —dijo el doctor Matrix—. Puede llevarse la monografía, si quiere. Se ha vuelto una rareza. Se la ofrezco porque sugiere algunos problemas interesantes.

Tomé mi libreta y mi lápiz.

La lista alfabética de los números —enteros del 0 al 1000 empieza con cero, luego siguen cien, ciento cinco, ciento cuatro, ciento diez, ciento doce, ciento dós, etcétera. El último número es el trescientos veintiuno. ¿Puede el lector señalar el anteúltimo número de la lista?

—Hermoso problema —dije, sin dejar de escribir.

El doctor Matrix espantó a una enorme cucaracha que había subido a la mesa.

—Podemos aplicar el mismo problema a los números romanos —prosiguió—. En este caso los dígitos son letras. El comienzo de la serie es C, CC, CCC, CCCI, CCCII, y así sucesivamente. Los romanos no conocían el cero, de modo que el milésimo dígito es el último. ¿Saben los lectores cuál es?

El doctor Matrix hizo una pausa hasta que terminé de anotar y prosiguió:

—La grafía de los números da lugar a una serie d problemas interesantes. Tomemos, por ejemplo, las iniciales de los nombres de los diez primeros dígitos. ¿Cuál es la palabra más larga que puede formar con esas letras? No es necesario usar todas, y si es necesario puede haber letras repetidas. La palabra más larga que yo hallé es «conductos», pero tal vez el lector pueda descubrir otra. Otro problema interesante: ¿cuál es el entero positivo menor que contiene todas las vocales y la *y*?

—Perfecto —dije—. ¿Alguno más?

—Los problemas numerológicos son infinitos, como los números primos. Le daré uno más, cuyo autor es mi amigo Joe Wagner, de New Wilmington, Pennsilvania. El doctor Matrix agarró mi libreta y anotó la siguiente serie:

$$10^{0.60206...}, 10^{12}, 10^{0.69897}$$

Se trata, explicó, de determinar el exponente de diez para obtener el número siguiente, determinado por la grafía de su nombre.

—Me llaman la atención esos tres cubos sobre su escritorio —dijo Persi— señalando tres grandes cubos sobre un calendario de escritorio. En cada cara aparecía una letra minúscula y los tres estaban ordenados de tal manera que las caras frente al doctor Matrix formaban «nov».

—Recuerdo que en una de sus columnas Martin planteaba el problema de cómo colocar los dígitos en las 12 caras de 2 cubos de manera tal que, colocados uno al lado del otro, se podía formar cualquier día del mes (véase *Mathematical Circus*, pág. 186). ¿Realmente puede girar y reordenar los tres cubos para obtener las tres primeras letras de cada mes?

Por toda respuesta el doctor Matrix extendió sus 10 huesudos dedos y manipuló los cubos hasta formar las abreviaturas de los 12 meses. No es fácil distribuir las letras en tres cubos, de a una por cara, para que ello sea posible. Luego me enteré de que W. Bol, de Geldrop, Holanda, había resuelto el problema y le había obsequiado los cubos a su amigo el doctor Matrix.

Éste miró su reloj, colgado del extremo de una cadena sujeta a su camiseta, con la cara de Richard Nixon en el cuadrante. Los ojos se movían al compás de los segundos.

—Son casi la una y media —dijo, y oprimió un botón en su escritorio—. De inmediato nos asaltó la voz de Johnny Rotten, el célebre roquero irlandés, cantando su último éxito acompañado por el penetrante ritmo de tres compases de su grupo, los Sex Pistols. Iva apareció en la puerta.

—¿Dónde almorzaremos, mi querida Punky? —preguntó.

—Hay un lugar nuevo en El Camino, se lama El Elefante Punk. La comida es buena y los cócteles no son punk.

—¿Y la música es punk rock? —preguntó Persi, tapándose los oídos.

—No —dijo Iva—. Hay un grupo punk femenino, pero sólo cantan por las noches.

Iva salió un instante y volvió con dos sobretodos de cuero negro. Entregó uno al doctor Matrix y los dos se pararon frente a frente. Entonces se produjo algo asombroso.

Cada uno ofreció el sobretodo al otro; luego, simultáneamente, soltó la prenda con su mano izquierda y pasó el brazo izquierdo por la manga izquierda que sostenía el otro. Siempre frente a frente y al unísono, cada uno rodeó el talle del otro por la derecha con el brazo izquierdo y tomó el sobretodo por el cuello para alzarlo al hombro izquierdo. Luego cada uno soltó el sobretodo con la mano derecha, lo alzó sobre la espalda del otro e introdujo el brazo derecho en la manga derecha. Al terminar cada uno tenía puesto el sobretodo y seguían frente a frente. Fue tan rápido que ni yo ni Persi nos dimos cuenta de cómo lo hicieron. Más tarde, al explicármelo, Iva me dijo que era una vieja rutina del vodevil japonés.

Al pasar por el laboratorio fruncí la nariz.

—Hay olor a yesca —dije.

—Bueno, pero si no lo dices, tal vez nadie se dé cuenta —dijo Iva.

10
CHAUTAUQUA

«En realidad las computadoras no piensan. Uno piensa que piensan (al menos eso pienso)».

THEODOR H. NELSON, *Dream Machines*

Desde hace años los especialistas en computación y lingüística tratan de crear sistemas que les permitan a las computadoras conversar con sus usuarios humanos en lenguaje oral natural. Los progresos han sido lentos, hasta el punto de resultar decepcionantes. Hasta ahora sólo se han podido desarrollar diálogos rudimentarios y estilizados, generalmente en forma de oraciones dactilografiadas con un vocabulario muy reducido.

Los aficionados a las novelas de ficción científica conocen las computadoras parlantes desde hace más de medio siglo. Esas máquinas maravillosas aparecieron por primera vez en la literatura fantástica infantil. En su novela *Ozma of Oz*, aparecida en 1907, L. Frank Baum habla de un robot a cuerda llamado Tik-Tok que, de acuerdo con sus fabricantes, era capaz de pensar, hablar, actuar y hacer «todo menos vivir». En años más recientes el público en general se familiarizó con los robots parlantes a través de películas tales como *La guerra de las galaxias* y *El Imperio contraataca*, y con computadoras parlantes como Hal, la que regía la vida a bordo de la nave espacial en *2001: Odisea del espacio*, de Arthur C. Clarke.

La difusión de estas ideas ha tenido muchas derivaciones. Existe, por ejemplo, un robot parlante que formula preguntas de respuesta múltiple: el niño indica su respuesta oprimiendo un botón en el cuerpo del robot y éste, por medio de una cinta grabada, comenta la respuesta. Los programas de computadoras para juegos de salón mejoran rápidamente. Por menos de trescientos dólares se puede adquirir una pequeña computadora que juega al ajedrez y es capaz de derrotar a un buen jugador. En la actualidad se están elaborando programas capaces de competir a nivel de maestro. Si el límite de tiempo es breve, son capaces de derrotar incluso a un gran maestro.

Por estos y otros motivos, los primeros anuncios acerca de ASMOF, la computadora parlante, no despertaron gran escepticismo en el público. Los anuncios decían que era la primera computadora parlante del mundo, y que se realizarían demostraciones en público. ASMOF era la sigla de la American Superior Mind Operating Foundation (Fundación Norteamericana para la Aplicación de la Mente Superior), la empresa que realizaba demostraciones con un prototipo a fin de estimular las ventas de las acciones. De acuerdo con los recortes de diarios que me enviaron los lectores, se trataba de un robot con un nuevo tipo de memoria magnética. El circuito venía encerrado en una figura de aluminio de unos tres metros de altura, con forma de robot cinematográfico. El monstruo tenía dos orificios en el lugar de los ojos, y un tercer ojo en el centro de la frente, cubierto por un lente color rubí. No tenía nariz, pero un parlante cónico hacía las veces de boca. En las demostraciones públicas el robot permanecía inmóvil, sentado detrás de un escritorio. En ocasiones el tercer ojo lanzaba un haz de luz roja que recorría la mesa o se detenía en alguna persona.

ASMOF inició su gira por el país a fines de julio, realizando funciones de dos horas en salas de teatro de las grandes ciudades y centros vacacionales. La entrada costaba tres dólares, Cada asistente tenía derecho a formular una pregunta razonablemente breve sobre cualquier tema. El robot contestaba con voz ronca y mecánica y en ocasiones hacía algún comentario divertido antes de dar la respuesta. No conocía todas las respuestas, por eso en ocasiones formulaba observaciones tales como: «Me llevaría demasiado tiempo computar la respuesta», o bien: «Lo siento, señora, esa información no consta en mi banco de datos».

En ciertas ocasiones se dedicaba toda una sesión a un juego intelectual de salón contra un experto de la localidad. ASMOF era un excelente jugador de ajedrez, damas, go e incluso de juegos con elementos de azar, tales como el backgammon, el bridge y el póquer. A principios de agosto, en un teatro de Nyack, Nueva York, los promotores de ASMOF ofrecieron mil dólares a quien fuera capaz de derrotar al robot en ajedrez. Un gran maestro aceptó el desafío y perdió en 18 jugadas. ASMOF lo desafió a una segunda partida, en la cual el robot jugaría sin su alfil dama, a cambio de que el gran maestro pagara los mil dólares si perdía. Éste rechazó la apuesta.

La humillante derrota del gran maestro fue un hecho absolutamente inesperado. Sin embargo, un viejo amigo mío que trabaja en el laboratorio de inteligencia artificial del Massachusetts Institute of Technology me aseguró que ASMOF era un fraude. No sabía cómo manejaban el robot, pero estaba seguro de que detrás de todo esto había una estafa monumental. Insinuó que mi viejo conocido, el numerólogo Irving Joshua Matrix, podría tener algo que ver en el asunto.

Releí los recortes de diarios, pero no encontré fotografías del titular de la fundación, Fran Rossum, ni de su ayudante, Josie Clarke Nelson. Sabía que al doctor Matrix le fascinaban los juegos de palabras, y decidí estudiar esos dos nombres. Se me ocurrió que Frank podría ser un apócope de Frankestein. Rossum me recordó a Robots Universales Rossum, de la obra *R.U.R.* escrita en 1920 por Karel Capek. (De esa obra proviene la palabra «robot», del checo *ro bota,* que significa trabajo compulsivo o forzado). ¿Y qué deducir de Josie Clarke Nelson. Josie podía ser el femenino de Joe, el célebre robot de las novelas de Lewls Padgett. Clarke no sería otro que Arthur C. Clarke. En cuanto a Nelson, podría ser Theodor H. Nelson, el joven especialista en computación, autor de los libros *Dream Machines* y *Computer Lib,* esas dos introducciones al mundo de la computadora personal que obtuvieron enorme éxito de ventas. (Su *Home Computer Revolution,* de próxima aparición, contiene revelaciones aún más asombrosas).

¡Un momento! Había otra coincidencia extraordinaria. El doctor Matrix había sido el primero en descubrir que las letras de HAL eran las que precedían a las de IBM en el alfabeto. Las que les siguen son JCN: ¡las iniciales de la ayudante de Rossum!

Por los folletos publicados por la fundación de Rossum me enteré de que ASMOF se presentaría próximamente en el anfiteatro de la venerable Chautauqua Institution, junto al hermoso lago Chautauqua, en el norte del Estado de Nueva York. Fui allá en mi automóvil, llegué por la tarde y me alojé en un hotel cercano a la Chautauqua Institution. Al día siguiente fui al anfiteatro mucho antes del comienzo de la función, a fin de ubicarme cerca del escenario. Me puse anteojos oscuros y un gran bigote por las dudas de que apareciera el doctor Matrix o su hija Iva.

No apareció ninguno de los dos. Un joven muy agradable, de cabellos y barba negros, quien dijo ser «futurólogo» recibido en el Stanford Institute, hizo una introducción. Habló de los últimos avances en materia de lenguajes naturales para computadoras y finalmente se refirió a los sensacionales descubrimientos de los científicos de la American Superior Mind Operating Foundation. Dijo que esos descubrimientos, basados en la nueva memoria, eran todavía *top secret.* Insinuó que la CIA quería impedir la fabricación de modelos más pequeños de ASMOF. Aseguró que los robots, a diferencia de los seres humanos, los gatos y las cucarachas no poseen poderes paranormales. Por consiguiente, ASMOF no respondería a preguntas acerca de sucesos futuros ni que requirieran algún tipo de percepción extrasensorial. Agregó que los físicos del Stanford Research Institute estaban estudiando la manera de incorporar la percepción extrasensorial y la precognición a los circuitos del robot, pero que ese trabajo les llevaría una década.

Fue una función de lo más interesante y entretenida. La mayoría de las preguntas eran más bien triviales: quién era el presidente de los Estados Unidos en tal año, qué equipo ganó el campeonato de béisbol en tal otro, en fin, hechos fáciles de registrar en la memoria de cualquier computadora. Pero tampoco faltaron las preguntas difíciles, y tomé notas de algunos problemas matemáticos y literales que pudieran ser de interés para los lectores de mi columna.

Una joven preguntó cuál era la palabra más larga del idioma. El robot contempló a la joven con su ojo color rubí, hizo un comentario sobre su hermosa sonrisa y preguntó a su vez: «¿Se pueden intercalar guiones entre las letras?». La mujer respondió que sí. «En ese caso —dijo el robot— no existe la palabra más larga. Después de tátarabuelo viene tátara-tátarabuelo, tátara- tátara- tátarabuelo y así sucesivamente. La siguiente, por favor».

Hubo otras preguntas inusuales de carácter lingüístico. Una mujer preguntó si existía un monosílabo de diez letras. ASMOF respondió con la palabra *scrauched* (aplastado). Un joven preguntó si existía una palabra en inglés que tuviera la serie de letras adyacentes «nkst». ASMOF hizo algunos comentarios divertidos sobre el letrero en la camiseta del joven y finalmente dio una respuesta aceptable. El hermano del joven preguntó si existía una palabra con «nksh», y nuevamente el robot dio una respuesta correcta. ¿Puede el lector encontrar palabras con las dos combinaciones?[1]».

Los niños formulaban adivinanzas cómicas. En algunos casos ASMOF conocía la respuesta. Cuando no la conocía, la pedía para registrarla en su banco de datos y felicitaba al niño por haberlo dejado sin respuesta. Al releer mis apuntes encontré una adivinanza literaria, formulada por un anciano profesor emérito de idioma en la universidad estadual de Nueva York. Su pregunta fue en qué se parecen el anciano marinero de Coleridge y un portero ebrio. ASMOF respondió sin vacilar: «Detiene a uno de tres».

La pregunta literaria más difícil la formuló una especialista en Shakespeare de la Universidad de Bryn Mawr. Dijo que en una de las obras aparece un verso que empieza con *my* (mi). Las letras iniciales de los cuatro versos anteriores forman la palabra *want* (yo quiero). Las iniciales de los cuatro versos siguientes forman *baby* (bebé), lo que en conjunto da la frase *quiero a mi bebé*. ¿En qué obra aparece este acróstico?

La pregunta debió parecerle difícil, porque durante varios minutos ASMOF discurrió sobre los acrósticos shakesperianos y si eran o no intencionales. Finalmente dio la respuesta: el verso se encuentra hacia el final de la primera escena del primer acto de *Comedia de errores: «My soul should sue as advocate for thee»* (mi alma debería abogar por ti). ¿Acaso era un mensaje de Shakespeare a una amante, solicitando la tenencia de un hijo ilegítimo?, preguntó el robot.

También se plantearon problemas de lógica formal. Ken Knowlton, del laboratorio Bell, trató de provocar una interminable maraña de sí y no en el circuito con la célebre paradoja de Bertrand Russell sobre el barbero de un pueblo que afeita a todos los hombres que no se afeitan a sí mismos. «¿El barbero se afeita a sí mismo?», preguntó. «Los datos son insuficientes —dijo ASMOF—. Es posible».

David Silverman, matemático de California, preguntó cómo se podían dividir todos los enteros positivos en dos conjuntos disjuntos de manera tal que la suma de dos números cualesquiera no fueran un número primo. El robot no supo contestar.

1. Desgraciadamente esta clase de problema es imposible de plantear en castellano, que no admite la acumulación de consonantes sin vocales intermedias (N. del T.).

Thomas Szirtes, de Montreal, preguntó si era posible que él (Szirtes) tuviera un tercio de sangre escocesa, un tercio húngara y un tercio china. ASMOF respondió que era imposible. Uno tiene 2^1 padres, 2^2 abuelos, 2^3 bisabuelos y así sucesivamente. De ahí que es lo mismo preguntar si 2^n puede ser igual a $3x$. Pero 2^n es 2 x 2 x 2 x ... *n* veces. El 2 es un número primo, y el teorema fundamental de la aritmética dice que esta serie es una factoración de 2^n en primos, es decir, que 2^n no tiene factores primos aparte de 2. Si no se puede dividir 2^n por 3, la afirmación original es falsa.

Jaime Poniachik, de Buenos Aires, director de una excelente revista de juegos llamada *Snark,* se encontraba por casualidad en la Chautauqua Institution el día de la demostración de ASMOF. Cuando llegó su turno, dijo que tenía un amigo en Estados Unidos cuyo número de seguro social era de lo más curioso. Tenía nueve dígitos del 1 al 9. Los dos primeros dígitos (de izquierda a derecha) formaban un número divisible por 2, los tres primeros eran divisibles por tres, los cuatro primeros divisibles por cuatro y así sucesivamente. El número de nueve dígitos era divisible por 9. ¿Cuál era el número? ASMOF expresó su admiración por el problema pero adujo que no tenía tiempo para calcular la respuesta.

Cuando llegó mi turno presenté un problema con seis caballos de ajedrez en un tablero de tres por cuatro casilleros. En una hoja dibujé la posición inicial, tal como aparece en la Figura 21. El problema es que los caballos blancos y negros intercambien sus posiciones en un número mínimo de jugadas. Se los puede mover en cualquier orden, pero no puede haber dos caballos en un casillero. El problema apareció en 1974, en el *Journal of Recreational Mathematics.* En ese momento se dijo que era trivial y se publicó una solución en 26 movidas. Posteriormente se descubrió una solución en 18 movidas. En la primera edición de *Aha!* (el manual que acompañaba a una serie de seis documentales breves, destinados a los colegios secundarios) incluí este problema y di la solución de 18 movidas. Pero los lectores Gary Goodman, Warren B. Porter y George Schneller; cada uno por su cuenta, hallaron una solución en 16 movidas.

ASMOF estudió el dibujo con su tercer ojo, presentó la solución en 18 movidas y se mostró incrédulo cuando le dije que existía una mejor. Se la demostré, y ASMOF envió sus felicitaciones a los lectores de *Aha!* capaces de descubrir la jugada de más. Invito al lector a descubrir la solución en 16 movidas.

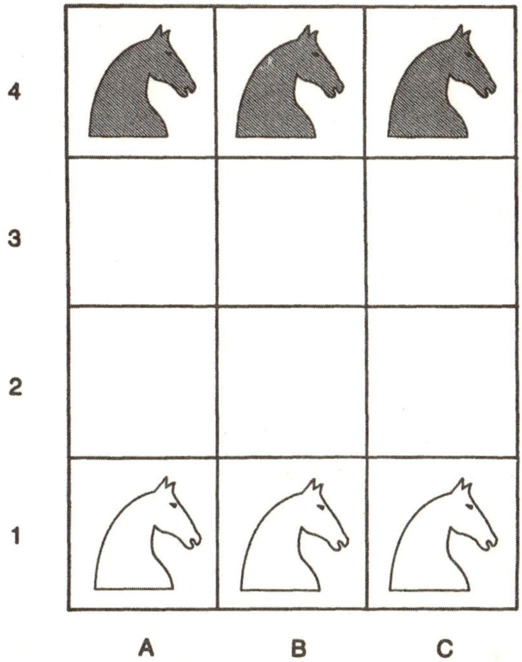

Figura 21. El problema de los caballos

Pasada la primera hora de la función, yo ya estaba convencido de que mi amigo del MIT tenía razón. Los cálculos no los efectuaba el circuito interno del robot, sino la inteligencia humana, es decir, una persona desde algún lugar cercano. Un equipo de exteriores de televisión, que había venido a filmar la función, me informó que Rossum y Nelson se alojaban en un hotel dentro de la Chautauqua Institution. Salí furtivamente del anfiteatro. En el hotel, el vestíbulo y los pasillos estaban desiertos: todo el mundo había ido a la demostración. Nadie me vio cuando apoyé mi oído contra la puerta del cuarto de Rossum. Escuché algunas palabras.

Como el hotel es tan viejo, no fue difícil introducir una tarjeta de crédito de plástico en la brecha entre la puerta y el marco para correr la falleba. La escena en el cuarto era más o menos la que había previsto. Iva se encontraba sentada frente a una mesa, con un par de enormes audífonos sobre los oídos. Un televisor en color mostraba a la persona sentada frente al ASMOF en el anfiteatro. Luego me enteré de que la cámara se encontraba detrás del ojo izquierdo del robot. Sobre el escritorio estaban los libros que los bibliotecarios siempre tienen a mano para responder a las preguntas del público: el *Almanaque mundial,* una enciclopedia, varios *Quién es quién,* un diccionario completo de la lengua, comentarios de la Biblia y de Shakespeare, recopilaciones de aforismos, etcétera. También había una consola de una computadora programable y un teléfono de disco automático.

Iva se sobresaltó al verme. Se arrancó los audífonos y me miró, furiosa.

—Salga inmediatamente —dijo— si no quiere que llame a la policía.

—Yo no haría eso —dije, quitándome los anteojos y el bigote.

—Ah, eres tú —dijo con una sonrisa sardónica—. Siéntate y no abras el pico.

Me senté en el borde de la cama mientras se desarrollaba el resto de la función. Un artefacto electrónico distorsionaba la agradable voz de Iva, dándole ese tono frío y mecánico que caracteriza a los robots del cine y la televisión. Las preguntas más sencillas, formuladas por los legos, las respondía ella apelando a su propia e impresionante memoria. En los casos en que debía consultar alguno de los libros, mantenía un diálogo con el espectador. Los cálculos numéricos (hallar la 13ª raíz de 10, elevar pi a la potencia pi) los hacía con la computadora. Cuando la pregunta era verdaderamente difícil, acudía al teléfono, repetía la pregunta en voz alta —como si quisiera asegurarse de que la había comprendido bien—, recibía la respuesta y la transmitía. Más tarde me dijo que el doctor Matrix había contratado a más de cien especialistas, a quienes pagaba un buen sueldo para que permanecieran junto al teléfono a la hora de las funciones.

Agregó que el doctor Matrix había tratado de contratar a Isaac Asimov para no tener que recurrir a tal cantidad de especialistas. Asimov se disculpó con elegancia: dijo que antes de fin de año debía terminar diecisiete libros. Nunca supe quién era el matemático, ni tampoco el gran maestro contratado para resolver los problemas de ajedrez.

Terminada la función, Iva se quitó los audífonos, apagó el micrófono y sonrió. Consultó su reloj, uno de esos aparatitos tan pequeños que se necesita una lupa para ver la hora.

—Es hora de tomar un trago —dijo.

Me dijo, para mi alegría, que el doctor Matrix había ido a pasar el día con un amigo suyo, un falso medium de la cercana comunidad espiritista de Lily Dale. Ningún restaurante dentro de la Chautauqua Institution sirve bebidas alcohólicas (resabio de un pasado religioso), de modo que tomamos la ruta 17 hasta un pintoresco restaurante especializado en mariscos, en la orilla del lago Erie. (Me encantó el menú, que decía: «Tenemos ostras en enero, febrero, marzo, abril, mayo, junio, julio, agosto, septiembre, octubre, noviembre y diciembre»). Cenamos.

—No me gusta la ensalada —dije.

—A mí me encanta —replicó Iva.

—Bueno, toda pregunta admite más de una respuesta.

—*Au contraire,* no toda pregunta admite más de una respuesta.

Fue una cena deliciosa y una velada de lo más agradable. Un mes más tarde, cuando ASMOF fue a dar una serie de funciones en Washington, dos periodistas del *Washington Post,* con ayuda del mago Randi, descubrieron la trampa. Tomaron la habitación del hotel al lado de la que ocupaba Iva, abrieron un hueco en la pared y la fotografiaron mientras trabajaba. La historia apareció en la edición del día siguiente, pero el doctor Matrix e Iva habían desaparecido. El robot quedó abandonado en el camión en el cual lo transportaban. La policía de Washington lo donó al Smithsonian Institution, donde se encuentra en exhibición con una explicación grabada de la estafa.

11
ESTAMBUL

«Los hijos del profeta son valientes y audaces
Hombres que desconocen el miedo,
Pero el más valiente en las filas del shah
Era Abdul Abulbul».

Balada anónima

Al releer mis notas sobre el doctor Irving Joshua Matrix, el numerólogo más grande del mundo, descubro muchas aventuras en la vida peripatética de este hombre que aún no he consignado en el papel. Por ejemplo, el año que pasó en Tübingen, como fundador y director del Instituto de Ecléctica General, una escuela filosófica que sostenía que todos los sistemas religiosos y metafísicos son esencialmente iguales. (Véase mi libro *Science: Good, Bad and Bogus*, cap. 5). Tampoco he hablado de su estadía en Bombay, donde se dedicó a la frenología combinada con la antigua técnica de la acupuntura (totalmente distinta del método chino). Ni he revelado los detalles sobre el burdel que abrió en París para gatos y perros, donde la madama era una gran pequinesa de pelo rojo y los animalitos escuchaban conferencias numerológicas los sábados.

Algún día tal vez relataré estos sórdidos hechos, pero ahora, con ánimo apesadumbrado, relataré mi encuentro con el viejo charlatán en abril de 1980. Me encontraba en Budapest, en un congreso internacional de magos realizado en el hotel Duna Intercontinental, donde tenía un cuarto de lo más cómodo con una bellísima vista al Danubio. Iva, la hija del doctor Matrix, se enteró —no sé cómo— de mi presencia allí. Me llamó cuando yo no me encontraba en el cuarto y dejó el siguiente enigmático mensaje: «Jeremías 33:3» seguido de un número telefónico de Estambul.

Consulté una Biblia que había en el cuarto: «Llámame y te responderé y te anunciaré cosas magnas y recónditas que no conoces». Llamé, Iva acudió al teléfono. Me preguntó si conocía Estambul. Le dije que no. Me dijo que ella y su padre pasarían una semana en el hotel Hilton, de la plaza Taskim, en la parte europea de la antigua ciudad.

Tomé un avión a Estambul a la mañana siguiente y tomé un cuarto en el hotel Santral, cercano al Hilton pero bastante más barato. Iva pasó a buscarme a las 10:30, en un automóvil norteamericano alquilado. Me sorprendí al verla vestida con una burka tradicional, color anaranjado, que sólo dejaba al descubierto las manos, los pies, y sus ojos, oscuros y enigmáticos. Dijo que la llamara Fatima. Su padre se encontraba en Estambul, en una misión secreta para el gobierno de Estados Unidos. Se hacía pasar por un musulmán de Teherán llamado Abdul Abulbul Amir. Se reuniría con nosotros hacia el atardecer, de modo que podíamos recorrer un poco la ciudad.

Nos dirigimos hacia el sur por las calles atestadas de automóviles y en medio de un concierto de bocinas. Iva manejaba con gran maestría entre semáforos incomprensibles; atravesamos el antiguo barrio judío, pasamos la Torre de Galacia y el Puente de Galacia. A cada lado —el Bósforo hacia el este, el Cuerno de Oro hacia el oeste— montañas de desperdicios flotaban en las aguas turbias. El olor de los desperdicios disminuyó un poco cuando nos adentramos en la Ciudad Vieja y detuvimos el auto junto al Gran Bazar.

¡Qué caos! Las calles mugrientas, bordeadas de pequeñas tiendas, estaban atestadas de gente con todas las vestimentas imaginables. Las mujeres mayores llevaban largos sacos y turbantes, pero algunas vestían a la europea y unas pocas incluso con pantaloncillos. Todas miraban a Iva, vestida con su burka, como si fuera una viajera del tiempo de la época de Alí Babá. Gatos flacos corrían entre nuestras piernas y por todas partes aparecían chiquillos que ofrecían lustrar los zapatos sobre cajas de colores chillones, o bien pregonaban cigarrillos Marlboro de contrabando al grito de «Mah-bu-ro». El fuerte olor de las especias casi tapaba el hedor que subía de las aguas.

Iva se detuvo ante un tenderete de joyas de fantasía y, tras mucho regatear, compró cuatro baratijas a cuatro precios distintos. Un par de aretes rojos le costó el equivalente de un dólar. Cuando el tendero, aparentemente furioso por el bajo precio, calculó el total en su calculadora de bolsillo, oprimió el botón de multiplicación en lugar del de suma. Se lo dije a Iva, pero ella pagó los 6,75 dólares que aparecieron en la calculadora.

—¿Por qué aceptaste pagar? —le pregunté, mientras nos abríamos paso hacia otra tienda.

—Porque sumé los precios mentalmente y el resultado fue el mismo.

Tomé un papel de mi bolsillo e hice una rápida cuenta.

—¡Por las barbas del Profeta! —exclamé—. ¡Es verdad!

Y después, para mi mayor sorpresa, descubrí que sólo un conjunto de cuatro números diferentes, que incluye al 1, da 6,75 como suma y a la vez como producto.

Almorzamos en el restaurant Havuzlu, cerca del correo, y luego durante cuatro horas, Iva y yo recorrimos la ciudad. Conocimos la Mezquita Azul y el Palacio Topkapi. Pasamos los antiguos muros bizantinos del extremo occidental de la ciudad. El estado de abandono de las bellas mezquitas es algo deprimente de ver. En algunas se almacenan bebidas gaseosas; otras están invadidas por gentes sin techo. En lugar de elegantes mosaicos aparecen huecos sucios. Las cúpulas y torres están manchadas por el aire contaminado y es difícil verlas a través de la espesa bruma del día.

Cuando por fin llegamos al Hilton, el doctor Matrix nos aguardaba en su suite. Vestía traje azul a rayas con una pequeña esmeralda en forma de media luna en el ojal de la solapa. Tenía el pelo recortado, barba y bigote grises que parecían verdaderos, y un par de lentes de contacto que transformaba sus ojos verdes en negros.

—Veo que no ha estado en Afganistán —dijo cuando nos estrechamos las manos.

—No, por Alá —sonreí, al reconocer la parodia de la frase con la cual Sherlock Holmes se había presentado a Watson—. ¿Cómo lo supo?

—Mi hija siempre está al tanto de sus pasos —respondió, encogiéndose de hombros.

Iva se retiró a cambiarse de ropa y el doctor Matrix y yo nos sentamos en el dormitorio, que también hacía las veces de oficina. Sobre la mesa había un gran cubo de marfil al cual se le habían efectuado dos secciones, unidas ahora por bisagras, de manera que al abrirlo aparecían tres pirámides alabeadas de cuatro caras, de base cuadrada (como lo muestra la Figura 22).

—Las tres pirámides son congruentes —dijo el doctor Matrix—. Si la base es un cuadrado de lado 1, las dos caras adyacentes son triángulos rectángulos isósceles cuyos catetos miden 1 y cuya hipotenusa es igual a la raíz cuadrada de dos. Los otros dos son triángulos rectángulos escalenos cuyos catetos son 1 y la raíz cuadrada de 2 y cuya hipotenusa es igual a la raíz cuadrada de 3. No es difícil construir estas tres pirámides con cartulina, lo sorprendente es que a mucha gente le resulta casi imposible unirlas para formar un cubo. Esta forma de seccionar un cubo viene de la antigua China, donde a las pirámides las llamaban yangmas. Pregunte a sus lectores si conocen otra forma de seccionar un cubo para obtener tres sólidos idénticos entre sí.

El doctor Matrix tomó las tres yangmas y las hizo girar sobre sus bisagras hasta que sus bases quedaron perpendiculares entre sí.

—Si se encajan ocho tripletes como éstos sobre los ocho vértices de un cubo de lado 2 —prosiguió—, se obtiene un dodecaedro romboidal. Esta construcción permite calcular fácilmente el volumen de la figura. Para un cubo central de lado 2, el volumen del dodecaedro romboidal es igual a 8 + (24/3), o sea 16. Cuatro yangmas idénticas se unen para formar una pirámide parecida a la Gran Pirámide de Egipto, con base cuadrada de lado 2 y cuatro caras formadas por triángulos isósceles congruentes.

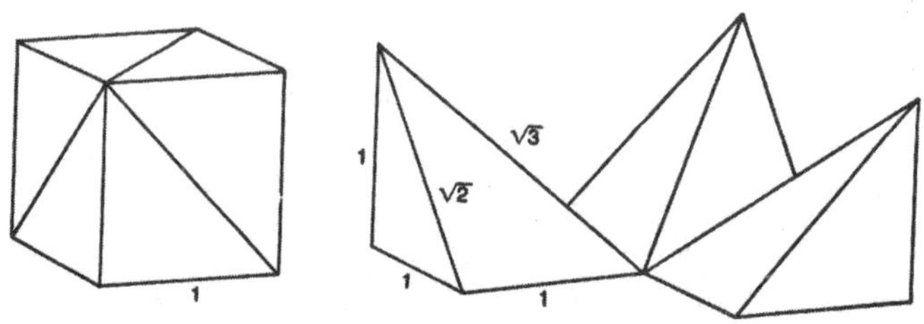

Figura 22. Cómo cortar el cubo del doctor Matrix (izquierda) para formar tres pirámides alabeadas idénticas (derecha)

En la parte inferior de la Figura 23 se muestra el diagrama de un dodecaedro romboidal de doce caras idénticas con forma de rombo. En la parte superior izquierda se muestra la pirámide de cuatro yangmas. Se puede construir un juguete fascinante pegando seis de estas pirámides por sus bases a las seis celdas cuadradas de una cruz hecha de cinta adhesiva, como se muestra en el dibujo superior derecho. Píntese la cinta de rojo y las caras de las pirámides de azul. Al plegar las pirámides hacia adentro se obtiene un cubo rojo. Al plegarlas hacia afuera aparece un dodecaedro romboidal azul con un hueco cúbico en el centro. Juntando dos modelos se puede mostrar el dodecaedro romboidal azul, separarle el «cascarón» para que aparezca un cubo interior rojo y plegar el cascarón para formar otro cubo rojo de las mismas dimensiones. Luego con cada cubo se pueden formar dos dodecaedros romboidales idénticos.

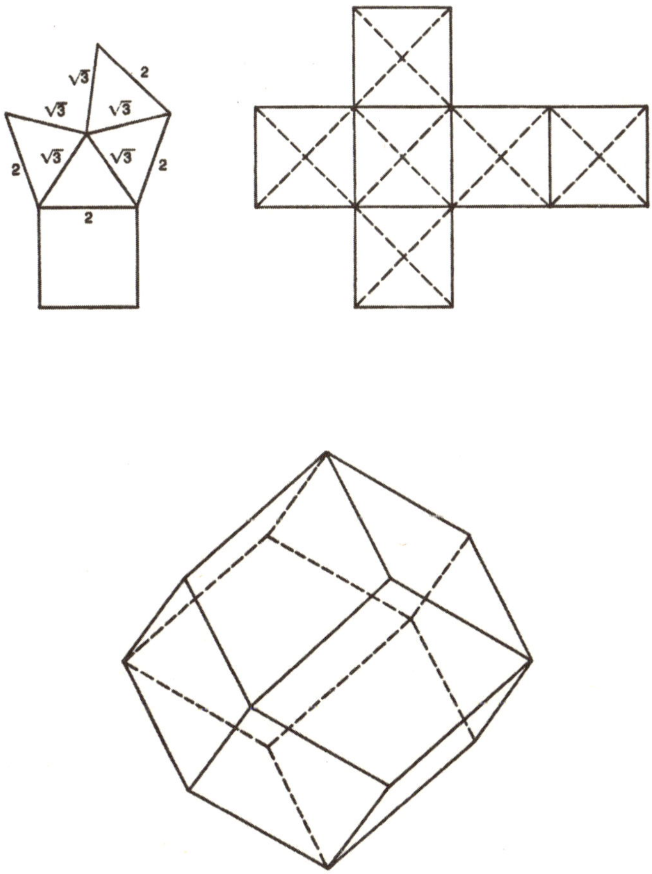

Figura 23. Plano (superior) de un juguete que permite formar un dodecaedro romboidal y un cubo (inferior)

En cada vértice del cubo de marfil del doctor Matrix aparecía un dígito distinto, perteneciente al conjunto 0, 1, 2, 3, 4, 5, 6, 7. Me dijo que los dígitos estaban colocados de manera tal, que sumando los extremos de cada arista se obtenía un número primo. (No todos los primos son necesariamente distintos). ¿Puede el lector hallar la única disposición de los dígitos que posee esta propiedad?

—Ya que estamos —dijo el doctor Matrix mientras yo anotaba—, ¿sabía usted que el volumen de un cubo es igual a su superficie?

Sonrió ante mi mirada de asombro y prosiguió:

—Tome un cubo cualquiera y divida su arista en seis partes. Llamémoslas hexis. Es evidente que la superficie de cada cara equivale a 36 hexis cuadrados. Dado que el cubo tiene seis caras, la superficie total es de 6 x 36 = 216 hexis cuadrados. El volumen es 6^3, es decir, 216 hexis cuadrados. Con el mismo método se puede demostrar que la superficie de un cuadrado cualquiera es igual a su perímetro, dividiendo cada lado en cuatro cuadros iguales. Esta paradoja está relacionada con la confusa demostración de que la razón superficie-volumen de una esfera es igual a la de un cubo.

—Pero es un hecho perfectamente comprobado que el sólido que posee la menor razón superficie-volumen es la esfera. Por eso las pompas de jabón son esféricas.

—Es verdad, pero déjeme desarrollar la demostración —dijo el doctor Matrix.

Dada una esfera de diámetro *d*, su superficie es igual a πd^2 y su volumen es $(\pi d^3)/6$. Por consiguiente, la razón superficie-volumen se reduce a *6/d*. Ahora bien, sea *d* la arista de un cubo. La razón superficie-volumen es $6d^2/d^3$, que también se reduce a *6/d*. ¿Cuál es la falla en este razonamiento?

—Basta de geometría —supliqué, mareado—. ¿Ha encontrado usted rarezas numéricas en Estambul?

Por toda respuesta, el doctor Matrix me tendió un folleto de 60 páginas, en inglés, titulado *El número 19: Un milagro numérico en el Corán*. Luego me enteré de que su autor, el egipcio Rashad Jalifa, es doctor en bioquímica de una universidad norteamericana, donde también fue profesor. El folleto apareció en edición privada en 1972.

El número 19, señaló el doctor Matrix, es tan inescrutable para los musulmanes como el 666, el Número de la Bestia, lo es para los cristianos. Los versículos 27 a 31 del capítulo 74 del Corán dicen que el infierno es custodiado por 19 ángeles, y que ese número es un enigma para los infieles. En su monografía el doctor Jalifa trata de demostrar que la aparición del número 19 en el Corán es demasiado frecuente como para ser casual. Algunos ejemplos:

El libro contiene 114 capítulos, múltiplo de 19. La famosa invocación llamada *Basmalá* («en el nombre de Dios, compasivo y misericordioso») encabeza todos los capítulos menos el noveno, pero aparece dos veces en el vigésimo séptimo, es decir, 114 veces en total. Su primera palabra *(ism)* aparece 19 veces en el texto del Corán. Su segunda palabra *(Allah)* aparece 2698 (19 x 142) veces. Su tercera palabra *(Al-Rahman)* aparece 57 veces (19 x 3) y la cuarta *(Al-Rahmin),* 114 veces (19 x 6). Es un estudio ingenioso del Corán —dijo el doctor Matrix—, pero hubiera resultado mucho más completo si Jalifa me hubiera consultado antes de escribirlo. El 19 es un número primo de propiedades curiosas. Por ejemplo, es la suma de las primeras potencias de 10 y 9 y la diferencia entre los cuadrados de 10 y 9. ¿Sabe usted que es un omirp?

Dije que no lo sabía.

—*Omirp* es *primo* al revés. Mi amigo Jeremiah P. Farrell llama así a los números primos no palindrómicos que también son primos si se invierte el orden de sus dígitos. El último año omirp fue 1979. El próximo será el 3011. Desgraciadamente, en los dos números se repite un dígito. Al numerólogo le interesan mucho más los omirp sin dígitos repetidos, los que yo llamo omirp sin-rep. Los primeros números de la serie son 13, 17, 31, 37, 71, 73, 79, 97, 107... Evidentemente es un conjunto finito, porque cualquier número de más de diez dígitos contiene repeticiones.

—¿Existe alguna relación entre los omirp y Estambul?

—Justamente, a eso iba. Como usted sabe, Estambul fue en otros tiempos la gran ciudad de Constantinopla. Se llama Estambul desde 1930. Observe la yuxtaposición del 19 y el 30. El primero es el misterioso número primo del Corán, y 30 es el mayor entero que posee la propiedad de que todos los enteros menores, primos con respecto a él, son primos. Pero no nos desviemos. El año más importante en la historia de Constantinopla es, desde luego, el 1453, cuando la ciudad fue conquistada por los turcos. El 1453 es omirp; más aún, es un omirp sinrep. Sus dígitos suman 13, el primer omirp.

—¿Ha habido otros años omirp sin-rep desde 1453?

—Once en total. El último fue el 1879 y el próximo será el 3019. Mi buen amigo Leslie H. Card es la máxima autoridad mundial en materia de omirps. Los llama primos reversibles. Con su computadora ha preparado una lista de todos los omirps menores de 10.000.000. Hay cuatro pares de dos dígitos, 11 pares de tres y 42 de cuatro.

Card también descubrió, prosiguió el doctor Matrix, que existe sólo un omirp de seis dígitos que es cíclico, vale decir, si se pasa el primer dígito al último lugar y se repite la operación con todos, las permutaciones resultantes son todas omirp. Ese número, único en su tipo, es el 193.939. Dicho de otra manera, si se escriben esos dígitos en círculo, se puede empezar en cualquier dígito y seguir en cualquiera de las dos direcciones y siempre se obtendrá un primo de seis dígitos. No existen omirp cíclicos de cuatro, cinco o siete dígitos. ¿Existe algún omirp cíclico de más de siete dígitos?

A Card le interesa construir cuadrados omirp con la propiedad de que cada columna, hilera y diagonal principal forma un omirp distinto. No existen tales cuadrados de segundo ni tercer orden. Los de cuarto y quinto orden son:

9133	13933
1583	13457
7529	76403
3911	74897
	71399

Existen muchos otros cuadrados de quinto orden, pero el de cuarto orden es verdaderamente extraordinario. Es el único ejemplo de su tipo, excluyendo los que se obtienen por rotación y reflexión.

¿Se pueden construir cuadrados similares con omirp sin-rep? No, porque todos los primos aparte del 2 y el 5 terminan en 1, 3, 7 ó 9. Sólo esos cuatros dígitos pueden formar los bordes de un cuadrado omirp; por consiguiente, ningún cuadrado mayor del cuarto orden carecerá de repeticiones.

Ojalá tuviera más espacio para desarrollar los comentarios del doctor Matrix sobre los números primos. Señaló que la suma de los cuadrados de los primeros siete primos es igual a 666, y lo que es más asombroso aún, si se escriben los nombres en inglés de los números primos en orden alfabético, el primero de la lista es el 8.018.018.851.[1]

¿Se puede determinar el último número de la lista? El doctor Matrix opinó que sí, pero que se necesitaría una computadora para hallarlo.

En ese momento entró Iva, vestida de pantalón de seda gris y blusa amarilla, con tres martinis en una bandeja. Hablamos de temas no matemáticos hasta que las torres y las cúpulas de Estambul aparecieron perfiladas contra un cielo de oro rojo. Hacia el poniente, sobre el horizonte, se deslizaba la barca de Ornar Khayyam, como un destello color rubí. Era un cuadro tomado de las *Mil y una noches.*

La belleza de la puesta del sol, observó Iva, es el único subproducto admirable del aire contaminado de Estambul. Por la ventana abierta nos llegó el lamento del almuédano, al llamar a los fieles a la oración vespertina, su voz ampliada por los altoparlantes. (A Mahoma no le gustaban las campanas).

El doctor Matrix extendió una alfombra de complicado diseño romboidal y la orientó hacia el sudeste. Se quitó los zapatos y dijo el *Fatiha,* el primer capítulo del Corán, de viva voz. Luego se arrodilló sobre la alfombra y se postró hacia La Meca, mientras Iva sorbía su martini y lo miraba con una sonrisa enigmática.

Pasé varios hermosos días en Estambul y cuando me despedí creí ver lágrimas en los ojos del doctor Matrix.

¿Acaso había tenido una premonición sobre su kismet? Sus últimas palabras fueron *«gule gule»* (vete con risas).

—*Salaam* —dijo Iva.

Tres semanas más tarde, en Nueva York, leí una noticia en el *New York Times* que me sumió en la más profunda tristeza. Estaba fechada en Bucarest. Un musulmán llamado Abdul Abulbul Amir, de quien se decía que cumplía una misión secreta para la CIA, se encontró en esa ciudad con el agente ruso Ivan Skavinsky Skavar. Los dos fueron a un paraje desolado en el delta del Danubio azul, en las afueras de Izmail, cerca de la frontera con Rumania. Los hechos no estaban claros. Parece que los dos dispararon sus revólveres al unísono y murieron al instante. Un campesino que había pre-

1. En castellano el problema es, como diría el autor, trivial: el primer número primo en orden alfabético es el 5 (N. del T.).

senciado la escena desde una colina cercana dijo que el más alto de los dos gritó *«¡Allah Akbar!»* al caer.

El resto se cuenta en pocas palabras. La única pariente conocida de Amir, su hija Fatima, hizo enterrar a su padre en la orilla del Danubio, cerca del lugar de su muerte. De acuerdo con los rumores, decía la nota del *Times,* unos rusos se habían llevado el cadáver de Skavar y lo habían arrojado al Mar Negro. Seguramente conoceré los detalles si vuelvo a ver a Iva. Y con estas tristes palabras pongo fin a mis notas sobre aquel a quien siempre consideraré el hombre más extraño y más sabio que he conocido.

RESPUESTAS Y COMENTARIOS

UNO

I. La Figura 24 muestra una de las cuatro soluciones fundamentales (sin contar las obtenidas por reflejo) del problema de Nixon. Se puede intercambiar la C con la L, lo mismo que la N con la X. Obsérvese la significativa sigla U. S. en las celdas superiores.

Figura 24. Una solución a la matriz de Nixon

La matriz de Humphrey tiene tres soluciones fundamentales: la de la Figura 1, la misma intercambiando la B y la Y y la siguiente, completamente distinta:

UM
BEHP
YTRO
AI

La matriz Johnson tiene ocho soluciones fundamentales. Muchos lectores hallaron varias; Malcolm C. Holtje y Dean P. McCullough enviaron las quince soluciones. Varios lectores desarrollaron técnicas gráficas para explicar las soluciones de todos los problemas de ese tipo.

II. Un método para hallar las ocho maneras distintas de armar una pulsera con dieciséis cuentas de perla y jade de manera tal que se formen los dieciséis cuartetos posibles es el siguiente. Se representa la pulsera como una hilera de dígitos binarios, donde 1 = jade, 0 = perla. La cadena es cíclica, los dos extremos se unen. Las combinaciones 1111 y 0000, que deben aparecer en cadena, pueden quedar adyacentes o bien separadas por 1, 2, 3 ó 4 cuentas. Las cinco posibilidades aparecen en la Figura 25.

1	1	1	1	1	0	0	0	0	1							0
2	1	1	1	1		0	0	0	0	1						0
3	1	1	1	1	0	1	0	0	0	0	1					0
4	1	1	1	1	0		1	0	0	0	0	1				0
5	1	1	1	1	0			1	0	0	0	0	1			0

Figura 25. Tabla para resolver el problema de la pulsera

Puesto que cada uno de los dos cuartetos debe estar flanqueado por dígitos del otro tipo, se deben agregar los dígitos contrastantes tal como se muestra. Se elimina la segunda hilera porque el 1 ó el 0 en la celda sombreada producirían una repetición de 1111 ó 0000. Se elimina la quinta hilera porque al ensayar colocar los cuatro dobletes (00, 01, 10, 11) en las celdas sombreadas se duplica un cuarteto en cada caso.

Las hileras restantes sí admiten soluciones. La primera tiene cuatro, como lo demuestran los pares complementarios a continuación. Cada uno se deriva del otro al cambiar los unos por ceros y los ceros por unos, lo que equivale a intercambiar las cuentas de perla y jade.

1111000010011010

0000111101100101

1111000010110100

0000111101001011

La tercera hilera tiene un par complementario:

1111010000110010

0000101111001101

La cuarta hilera tiene un par complementario:

1111011000010100

0000100111101011

Estas ocho soluciones son únicas en el sentido de que sus inversas se obtienen invirtiendo la pulsera o recorriéndola en la dirección contraria. Para obtener un algoritmo sencillo que permita construir una cadena de longitud mínima del n-tuple deseado, se empieza por escribir una lista de todos los n-tuples posibles. Se inicia la cadena con n-tuples ceros. Se agrega 1 si da un nuevo n-tuple y se tacha el nuevo n-tuple de la lista. Caso contrario, se agrega 0 y se tacha el nuevo n-tuple de la lista. Se repite la operación hasta generar una solución.

Este algoritmo es un caso especial dentro de un elegante método general descubierto en 1934 por Monroe H. Martin, de la Universidad de Maryland, para todas las pulseras de longitud mínima con n-tuples de cuentas de *m* colores. Por ejemplo, si se desea construir una pulsera con cuentas de tres colores, 0, 1, 2, que muestre los 27 tripletes, se parte de 000 y se agregan los dígitos, usando siempre el dígito mayor que no repita un triplete ya formado. El resultado es 000222122021121020120011101. Este método aparece en el ejercicio 17, página 33 del segundo tomo de la monumental obra *The Art of Computer Programming,* de Donald E. Knuth (Reading, Addison-Wesley, 1969). Este tomo contiene tantos juegos y acotaciones históricas marginales como el primero y lo recomiendo fervorosamente.

En el primer tomo (respuesta al ejercicio 23, pág. 379), Knuth desarrolla una fórmula notable (descubierta por N. G. de Bruijn, de Holanda) para obtener el número de pulseras de longitud mínima con n-tuples y *m* colores; si se considera que los inversos son diferentes. Cuando *no* se considera que los inversos son diferentes, dice Knuth (como en el problema aquí planteado) la fórmula es:

$$\frac{\frac{1}{2}(m!)^{m^{n-1}}}{m^2}$$

Si se considera que los inversos son distintos, basta duplicar la fórmula. No es difícil demostrar, agrega Knuth, que ninguna pulsera es simétrica, en el sentido de ser idéntica a su inversa. La única excepción es la pulsera de cuatro cuentas, en dobletes de dos colores. Para este caso, la fórmula da como resultado 1/2, cuando la respuesta correcta es 1.

En *Mathematics: The Man-Made Universe,* de Sherman K. Stein (San Francisco, W.H. Freeman and Company, 2da. edición, 1969), capítulo 10, se analizan diversos métodos para construir las pulseras, incluso mediante gráficos. Este capítulo es una extensión del artículo de Stein en *Scientific American* de mayo de 1961. Incluye una interesantísima historia de este problema, desde las cadenas de este tipo empleadas por los poetas hindúes hace mil años (como recurso mnemotécnico para recordar las combinaciones de acentos largos y breves) hasta sus aplicaciones actuales, sobre todo para la construcción de lo que los teóricos de las comunicaciones llaman códigos de detección de errores. El libro incluye una bibliografía exhaustiva.

H. M. Schweighofer me explicó en una carta que estas cadenas binarias se «emplean en aparatos de control remoto, por ejemplo, para la sintonización a distancia de radios militares y de aviones. Desde luego que en este caso no se trata de ordenar cuentas, sino de un código formado al contactar el rotor delantero (1) o trasero (0) de un interruptor de disco. El circuito de control que se emplea es un circuito «de entrada» que permite el paso de la corriente cuando los interruptores a control remoto y los automáticos no ocupan la misma posición (código). En realidad, el empleo de interruptores de discos para crear series de códigos funcionalmente idénticos a sus pulseras de cuentas fue una de las características del primer aparato patentado por mí.

«Su artículo me trajo gratos recuerdos del tiempo que dediqué, hace unos veinte años, a diseñar series de interruptores basadas en estos principios. Ahora que los sintonizadores de radios han incorporado los transistores, los alternadores y los códigos de series binarias han caído en desuso. Los nuevos aparatos emplean códigos binarios estándar o BCD. Sin embargo, seguramente muchos de sus lectores habrán utilizado equipos basados en los principios de la pulsera de cuentas de Iva».

Estos códigos tiene una aplicación más bien esotérica, en la prestidititación. Incluyo una breve bibliografía para los lectores interesados en la magia matemática. Aparentemente, este principio se empleó por primera vez en un truco llamado «Coluria», descrito en *Thirty Card Mysteries*, de Charles T. Jordan (1919). El mismo principio se aplica en «Suitability», desarrollado en *Card Mysteries*, de William Larsen y T. Page Wright, y en un test sobre la Biblia en *Six Tricks far 1944*, de Robert Hummer. *Pallbearers Review*, una revista dedicada a la magia, ha publicado varios trucos con cartas basados en estos códigos. Véanse, entre otros, «Other Voices II», de Ben Christopher (agosto de 1968), y mi truco «Yin Yang» (febrero de 1974).

DOS

I. El anagrama de ANOTAS RUTAS es ASTRONAUTAS.

II. La solución de SPIRO x 7 = AGNEW es 14.076 x 7 = 98.532. Esta solución, la única posible, fue publicada por E. P. Starke en *American Mathematical Monthly,* 53, 1946, 4-5. En *Mathematics Magazine,* 42, 1969, 102-103, David Daykin incluye dos tablas de resultados obtenidos por computadora con las soluciones A = *kB,* en todos los sistemas numéricos de bases 3 a 15 inclusive, donde *k* es cualquier número de 2 a 14 inclusive y A y B que contienen juntos los diez dígitos o nueve (excluyendo el 0), una vez cada uno. No se tienen en cuenta las soluciones para los casos en que A o B empiezan con 0. En el problema planteado por el doctor Matrix (base decimal, diez dígitos), existen cuarenta y ocho soluciones para *k* = 2, seis para *k* = 3, ocho para *k* = 4, doce para *k* = 5, ninguna para *k* = 6, una para *k* = 7, dieciséis para *k* = 8 y tres para *k* = 9.

M. M. Williams, jefe de ingenieros del Centro Espacial Kennedy, me envió los siguientes comentarios sobre este criptograma aritmético: «Cabe señalar que 1407698532 puede descomponerse en 14/07/69, vale decir, el 14 de julio de 1969, que era T – 2 días en la cuenta regresiva del Apollo 11, y 8/5/32, 5 de agosto de 1932, cuando el astronauta Armstrong cumplió dos años. 0932 la hora del lanzamiento aparece en ese orden. La suma de 9 y 2 es 11; hubo 3 astronautas; 2 de ellos pisaron la Luna. Los últimos tres dígitos del producto, 532, son la hora de Cabo Kennedy para el horario adelantado de verano cuando eran las 0932 GMT».

III. Los años que aparecen invertidos al final de sus cuadrados deben empezar con 1 y terminar con 9. Aparte de 1969 y el caso trivial de 1, el único año antes del 10000 es el 19.

IV. Los lectores interesados en saber algo más acerca de la colocación de *n* puntos en una esfera pueden consultar:

Coxeter, H. S. M.: «The Problem of Packing a Number of Equal Nonoverlaping Circles on a Sphere», *Transactiones of the New York Academy of Sciences,* serie II, 24, 1962, 320-331.
Fejes Toth, L.: *Regular Figures* (Elmsford, Pergamon, 1964, cap. 7).
Goldberg, M.: «Axially Symmetric Packing of Equal Circles on a Sphere», *Annales Universitatis Scientiarum* (Budapest), 10, 1967.

No se ha hallado una solución general al problema.

V. En un año no puede haber más de cuatro meses perversos ni menos de dos. Puede haber no más de tres viernes 13 y no menos de uno. La suma de los meses perversos y los viernes 13 en un año es cuatro, salvo en los años no bisiestos que comienzan en domingo o jueves y en los años bisiestos que empiezan en domingo o sábado, cuando hay un total de cinco. El ultimo año con cuatro meses perversos fue 1972. No habrá otros en el curso de este siglo.

B. H. Brown demostró que el día 13 tiene mayores probabilidades de caer en día viernes que en cualquier otro día: véase *American Mathematical Monthly,* 40, 1933, 607. S. R. Baxter (a la edad de 13 años) halló otra demostración, publicada en *Mathematical Gazette,* 53, 1969, 127-129.

Se han publicado muchas demostraciones breves del número máximo y mínimo de viernes 13 en un año. Véanse, entre otros trabajos recientes, Bailey, W. T.: «Friday-the-Thirteenth», *Mathematics Teacher,* 62, 1969, 363-364; Irwin, J. O.: «Friday 13th», *Mathematical Gazette,* 55, 1971, 412-415; y McGinty, R.: «Superstitious?», *Mathematics Teacher,* 65, 1972, 503-505.

TRES

I. El otro número menor de 10.000 que tiene 63 divisores (incluyendo 1, pero excluyendo el propio número), es el 7560.

Panos, D. Bardis, en su artículo «Overpopulation, the Ideal City, and Plato's Mathematics», *Platon*, 23, 1971, 129-131, sugiere que Platón escogió el 5040 porque es el factorial del místico 7. Cuando se lo comenté al doctor Matrix, él respondió sin vacilar: «Efectivamente, y si Platón visitara la ciudad, su población sería 71 al cuadrado».

II. La única manera de disponer dos números cuadrados de tres dígitos en una matriz de dos por tres tal que las columnas, leídas de arriba abajo, forman números cuadrados de dos dígitos, es la siguiente:

841
196

Agradezco a los lectores Joseph Charles, S. S. Chebli, Joel R. Cohen, Edwin M. McMillan, H. Martin Pitts, Emile C. Van Remoortere y Richard S. Watt por sus aportes sobre el nombre de Martin Luther King; y a Sally Porter Jenks, Thomas R. Jones y Eugene McGovem por las listas de nombres relacionados con profesiones.

CUATRO

I. El año que presenta el mayor lapso entre sí mismo y su inverso es el 1066, cuando Guillermo de Normandía conquistó las Islas Británicas. La diferencia 9901 – 1066 = 8835 años. Así planteado, el problema excluye las fechas antes de Cristo y los números que comienzan con 0; por ejemplo, el inverso de 6 es 9, no 9000.

II. El único Estado norteamericano que no presenta ninguna letra en común con el nombre de su capital es South Dakota, cuya capital es Pierre.[1]

III. La única letra que no aparece en el nombre de ningún Estado norteamericano es la *q*.[2]

IV. Las siete combinaciones restantes son: lunes-mayo, martes-junio, martes-julio, jueves-marzo, jueves-abril, jueves-mayo y viernes-mayo.

V. La única letra en inglés que no aparece en los números del 0 al 99, pero en todos los números del 100 al 999.999 es la *d*.

La traslación de NY a OZ fue descubierta por Mary Scott, miembro del International Wizard of Oz Club. La traslación de OZ a PA fue descubierta por Elliott Weiss, de Filadelfia, quien no reconoció su importancia cuando

---

1. Para el lector argentino, la única provincia heteroliteral con respecto a su capital es Chubut, cuya capital es Rawson (N. del T.).

2. En cuanto a las provincias argentinas, dejando de lado la *k* y la *w*, las únicas letras que no aparecen son la *u* y la *x*, en tanto la *h* sólo aparece en la combinación *ch* (Chubut y Chaco) (N. del T.).

comunicó su hallazgo al doctor Matrix. Éste, rendido admirador de los libros de Oz, no tardó en descubrir la sincronía.

CINCO

El instituto californiano fue fundado por el doctor Matrix y funcionó hasta noviembre de 1973. Ese año el Asombroso Randi, quien se inscribió bajo su verdadero nombre, James Zwinge, descubrió la trampa y la reveló en una extensa nota publicada por *Los Angeles Times*. El instituto cerró poco después.

La mayoría de los lectores de mi columna descubrieron que, si se cumplen las instrucciones al pie de la letra, todas las preguntas menos diez tienen una sola respuesta posible. Por consiguiente, el puntaje mínimo es dieciséis. Además, en las preguntas de respuesta incierta existe una alta probabilidad de acertar.

Tiempo después el doctor Matrix tuvo la amabilidad de revelar las fuentes de las veintiséis preguntas:

1. Gardner, M.: *Scientific American Book of Mathematical Puzzles and Diversions*, capítulo 2.

2. Inventado por el mago Frederic DeMuth.

3. Truco llamado «Miraskill «, creado por Stewart James.

4. Conocido «impulso psicológico», empleado por el mago israelí Uri Geller, quien siguió utilizándolo a pesar de que yo lo revelé en mi columna, en 1973. Charles Panati, periodista de la sección científica de *Newsweek*, quedó muy impresionado cuando Uri lo demostró con éxito en su presencia, en 1973. En 1975, Uri seguía utilizando este truco en sus demostraciones públicas.

Cuando el sujeto dibuja un triángulo inscrito en un círculo —como sucedió en el programa radial de Dick Klinger, de Portland, Oregón, el 17 de junio de 1975—, Uri reivindica el acierto como propio. Más aún, como le dijo a Klinger en esa ocasión, se trata de algo difícil de adivinar, porque la mayoría de la gente dibuja un cuadrado o una cruz». Esto no es cierto: la mayoría de la gente dibuja un círculo y un triángulo. ¿Por qué? pida el lector a alguien que no sea matemático que nombre figuras geométricas sencillas. Difícilmente conocerá el nombre de más de cuatro.

5. Un viejo truco de magia, basado en el principio de la pregunta 4.

6. Creado por Victor Eigen, mago y matemático. Véase Gardner, M.: *New Mathematical Diversions from Scientific American* (Nueva York, Simon and Schuster, 1966, capítulo 9). La probabilidad de acertar con la palabra Y es de 25/36.

7. Otro truco viejo.

8. Un impulso psicológico numérico de origen desconocido.

9. Creación del mago Robert Hummer.

10. Un viejo truco matemático.

11. Otro viejo truco. Aparece en Chapin, L. N.: *The Beautiful, the Wonderful, and the Wise* (Chicago, John C. Winston, 1885, pág. 458), pero es bastante más antiguo.

12. Creado por Fitch Cheney, matemático y mago.

13. De Víctor Eigen. Véase su presentación y algunas variaciones en Gardner, M.: «Paperfold Prediction», *Swami,* julio de 1973. Esta revista se publica en Calcuta.

14. Viejo truco con la raíz digital.

15. De Victor Eigen.

16. Otro impulso psicológico empleado por Uri Geller. Las ciudades elegidas con mayor frecuencia son Londres y París. Uri escribe Londres, lo tacha y luego escribe París. Si ésta última es la respuesta acertada, dice que Londres fue su primera impresión, pero enseguida se dio cuenta de que estaba equivocado. Si es Londres, dice «Debí confiar en mi primera impresión,

pero tuve la sensación de que era París. ¿Alguno de los presentes pensó en París?». Varias personas responden que sí, y de esa manera Uri acierta, cualquiera sea la respuesta.

17. Basado en un truco del mago inglés Jack Yates.

18. Un viejo y conocido truco del mago Dai Vernon.

19. Un truco del mago y escritor Walter B. Gibson.

20. Otro impulso psicológico.

21. Un truco con cartas creado por el mago Henry Christ.

22. Otro impulso psicológico numérico, asociado a la pregunta 8.

23. De Víctor Eigen.

24. Un viejo impulso psicológico.

25. Un truco de Robert Hummer.

26. De Víctor Eigen. La probabilidad de que la palabra sea EL o LA es de 4/5.

Estos trucos son un material excelente para una clase de matemática. Se estimula la creatividad de los estudiantes al pedirles que demuestren —con ayuda de fórmulas elementales— por qué los resultados de las preguntas matemáticas son invariables.

SEIS

El problema de cómo rotular la pirámide fue creado por el doctor Matrix. Se puede abordar mediante un conjunto de ecuaciones diofánticas, pero existe un método informal para obtener el mismo resultado.

Cinco vértices que suman 16 cada uno dan en total 5 x 16 = 80. Dado que los números de cada arista intervienen en dos vértices, la suma de los ocho debe ser 80/2 = 40. Sólo tres conjuntos de ocho enteros positivos diferentes, no mayores de 10, suman 40. Estos son:

1, 2, 3, 4, 5, 7, 8, 10
1, 2, 3, 4, 6, 7, 8, 9
1, 2, 3, 4, 5, 6, 9, 10

Veamos el primero. El 10 sólo puede aparecer en una arista de la base o de uno de los lados. Si corresponde a la base, entonces debe juntarse con un par de aristas que suman 6. Los únicos dobletes posibles son 5, 1, y 4, 2. Ensayando las cuatro posibilidades, se advierte fácilmente que no hay manera de completar la pirámide mágica. Si se coloca el 10 en una arista lateral, las otras tres que se unen en el ápice deben sumar 6. El único triplete posible es 1, 2, 3. La simetría de la figura permite tres posibilidades (el número opuesto al 10 puede ser 1, 2 ó 3). Ninguna permite completar la pirámide.

Veamos el segundo conjunto. Si el 9 está en la base, las parejas que confluyen a los extremos deben ser 6, 1 y 4, 3. Ninguna de las cuatro posibilidades permite llegar a la solución. Si 9 ocupa una arista lateral, las otras tres que se unen en el ápice deben llevar 1, 2, 4, en una de tres posibilidades. Nuevamente, no hay solución.

Veamos el tercer conjunto. Si 10 está en una arista lateral, el triplete que se une en el ápice debe ser 1, 2, 3. No hay solución. Si el 10 está en la base, los dobletes de los extremos deben ser, 1,5 y 4,2. La única solución posible es la de la Figura 26, si se excluyen las obtenidas por reflejo o rotación de ésta.

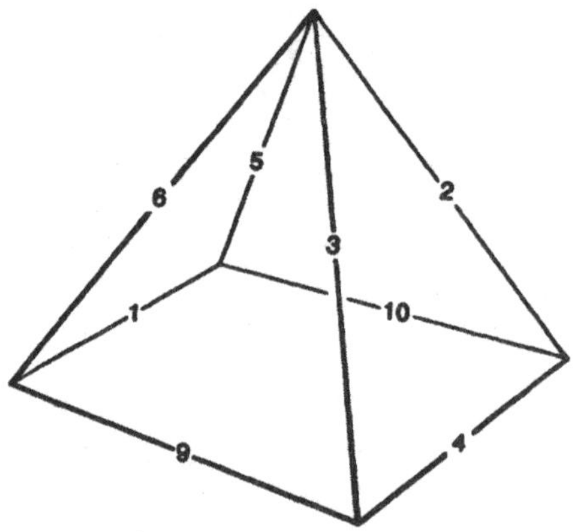

Figura 26. La pirámide mágica

Hiram Fuller Gutgasz me informó en una carta que la solución también es única en un sentido no descubierto por el doctor Matrix. Es innecesario limitar los números a los enteros positivos no mayores de 10. Cuando la constante mágica es 16, la solución es única para *cualquier* conjunto de ocho enteros positivos distintos. Si el límite son los diez dígitos (0 a 9 inclusive), existen dos soluciones, que excluyen el 1 y el 4. Con los números 1 a 10 inclusive existe una solución adicional: se trata de una pirámide con la constante 18 y una solución única que excluye el 1 y el 9.

Los lectores J. A. McCallum y Sheldon B. Akers, cada uno por separado, se plantearon el problema de construir una pirámide mágica de ocho enteros positivos consecutivos. Los dos hallaron la solución y la demostración de que es única. Los números son 4, 5, 6, 7, 8, 9, 10, 11, siendo la constante mágica 24.

¿Quién hubiera dicho que algún lector de *Scientific American* tomaría en serio las investigaciones del doctor Matrix expuestas en el capítulo 17, cuando aparecieron en la revista (junio de 1974)? Sin embargo, la obsesión popular con esta clase de fenómenos es tan generalizada, que centenares de lectores escribieron para solicitar información adicional sobre la energía psi-org y la dirección del doctor Matrix.

Algunos fueron hasta el lago Pyramid a buscar la fábrica e incluso recorrieron los peligrosos caminos de la carretera en sus automóviles. Un profesor de la California State Polytechnic University, quien no pudo localizar la fábrica, expresó su gran disgusto en una carta. Me dijo que la aldea de Pyramid es apenas una granja y un par de chozas. Los habitantes le dijeron que no conocían a ningún doctor Matrix. Ninguno de los indios de la reserva conocía a un tal One-Tooth Ree. Un lector de Pukalani, Hawai, dijo que mi columna había «fascinado a la gente» de su localidad. Una señora se había instalado en una pirámide de vidrio y plástico junto a un arroyo en la selva, y un negocio de productos alimenticios almacenaba su mercadería bajo una pirámide gigantesca. El lector y sus amigos ofrecían pagarme el pasaje a Hawai para que les diera una conferencia sobre los nuevos descubrimientos.

Una carta me dejó directamente estupefacto: el director de una gran editorial neoyorquina me ofreció un adelanto de 15.000 dólares para que yo escribiera rápidamente un libro que se llamaría *Pyramid Power.* Estaba convencido de que sería un gran *best-seller.* Acepté su invitación a almorzar, sólo a fin de averiguar si hablaba en serio. En efecto. Cuando le dije que las afirmaciones del doctor Matrix sobre la energía psi-org eran pura cháchara, sugirió que firmara el libro con un seudónimo. Incluso me permitiría revelar públicamente que se trataba de un fraude, si le daba un año para promocionarlo debidamente. Además pensaba que las ventas del libro mejorarían si yo vinculaba la pirámide al espacio exterior, tal vez con una antena capaz de captar mensajes.

Con la adecuada técnica publicitaria el libro bien hubiera podido repetir el fenómeno editorial de *Secret Life of Plants.* Al momento de escribir estas líneas, en noviembre de 1975, el culto de la pirámide continúa con todo vigor, a pesar de que los más destacados parapsicólogos, como Thelma Moss, han declarado que todo el asunto es falso.

New Horizons, la revista de la Toronto Society for Psychic Research, incluyó tres artículos sobre el poder de las pirámides en su edición del tercer trimestre de 1973. Allan Alter habló de los prolongados experimentos que demostraban que los envases piramidales «no son más eficaces que los de otras formas para conservar y deshidratar la materia orgánica». (Admitió, sin embargo, que posiblemente la Gran Pirámide de Egipto posee una «fuerza misteriosa» debido al campo geomagnético del lugar donde está situada). Dale Simmons aseguró que los experimentos realizados con hojas de afeitar, empleando técnicas de microfotografía, no demostraban la menor influencia de la pirámide sobre las hojas.

Semejantes opiniones rara vez llegan a los oídos de los crédulos, y cuando llegan no los convencen. La Edmund Scientific Company sigue ofreciendo su pirámide de plástico transparente al indignante precio de 20 dólares. Sus avisos aparecen regularmente en *Science News* y son leídos por millares de estudiantes secundarios. Mi amigo Comelius van S. Roosevelt, de Washington, me informó que en 1975 había sido jurado de una feria de la ciencia organizada anualmente por los estudiantes de secundaria. Dos de los puestos estaban dedicados al poder piramidal. «En un principio —dice en su carta— pensé que su objetivo era revelar el carácter fraudulento de la cuestión, pero me equivoqué. Los dos aseguraban que la pirámide devolvía el filo a las hojas de afeitar...». En ambos puestos, montados independientemente uno del otro en dos colegios distintos, se citaba mi columna como referencia fundamental.

Las revistas dedicadas al ocultismo siguen publicando avisos de la pirámide, que se venden en todos los tamaños imaginables. Flanagan's Pyramid Products, de Glendale, California, además de una carpa, ofrece un GEP, o «generador de energía piramidal» (quince pequeñas pirámides colocadas en hilera), discos de energía piramidal y un aparato llamado Espiral Generadora de Flanagan. Se trata de una espiral dorada que genera una «bioenergía similar a la de la pirámide, pero mucho más fuerte». Flanagan también ofrece dos libros: *Pyramid Power* (El poder de la pirámide) (tapa dura) y *The Pyramid in Its Relation to Biocosmic Energy* (Relación de la pirámide con la energía biocósmica) (en rústica). Max Toth y Greg Nielsen son autores de otro libro titulado *Pyramid Power,* publicado en rústica por Freeway Press, 1974.

Flanagan, quien aparentemente es el líder mundial en la promoción del poder de la pirámide, coloca las siglas Ph. D. (doctor) junto a su nombre, pero no he podido averiguar cuándo ni dónde obtuvo su doctorado. La presentación de uno de sus libros dice que su nombre aparece desde 1962 en el *Who's Who in American Science* (Quién es quién en la ciencia norteamericana), pero no existe ningún libro con ese título, y su nombre no apareció jamás en *American Men of Science* (Científicos norteamericanos).

La revista *Life* dedicó un número especial (14/9/62) a «The Take-Over Generation: One Hundred of the Most Important Young Men and Women in the United States» (Trasvasamiento generacional: cien de los y las jóvenes más destacadas de Estados Unidos). Dedica dos páginas a Pat, quien en esa época tenía diecisiete años y vivía en Bellaire, Texas. William Moeser, el autor de la nota («Whiz Kid, Hands Down» (Por unanimidad, el chico más listo)), lo calificó de «ejemplo de científico maduro y curioso». ¿Por qué incluyeron a Pat entre los cien? Pues, porque había inventado un aparato llamado el «neurófono», capaz, se decía, de transmitir las pulsaciones eléctricas provocadas por el sonido directamente al sistema nervioso y de ahí al cerebro. Uno se tapa los oídos, se coloca los «fonos» de salida sobre las sienes y escucha. Ni siquiera Pat sabe cómo funciona, dice el autor, pero varias empresas han demostrado «interés» por el invento. Se insinúa que podría lograrse el mismo efecto con la luz, empleando un aparato similar, con lo cual los ciegos podrían ver. No se brindan detalles acerca del maravilloso invento, de manera que es imposible determinar si se ha descubierto una nueva ley de la física o si se trata de la transmisión de vibraciones por vía ósea al oído interno, como esos artefactos patentados en el siglo XIX, que permitían escuchar a través de los dientes.

La nota incluye una foto del joven Pat de pie sobre su cabeza y otra en la cual aparece sonriente, mientras dos muchachas escuchan con los neurófonos sobre las sienes. Pat reaparece, ya un poco mayor, en el libro *The Great Pyramid* (La gran pirámide), de Tom Valentine (Nueva York, Pinnacle, 1975) y en la sobrecubierta de la segunda edición (1975) de su *Pyramid Power*. Hay otra larga explicación de las revolucionarias investigaciones del doctor Flanagan en *Exploring the Great Pyramid Shape in America* (Exploración de la forma de la Gran Pirámide en Estados Unidos), de Kim Russell, publicado por Shapeous Researching de Dallas, Texas.

La Parker Publishing Company, de West Nyack, Nueva York, publica páginas enteras de avisos en *Fate* para promover la venta del libro *The Miracle of Universal Psychic Power: How to Pyramid Your Way to Prosperity* (El milagro del poder psíquico universal: cómo lograr la prosperidad mediante la pirámide), de Al G. Manning. Esta valiosa obra científica cuesta apenas 7,95 dólares. Según el aviso, después de usar la pirámide, «¡D.J. encontró diez billetes de cien dólares en un cajón de la cocina!». La Pyramid Think Tank Company, de Ingram, Texas, acompaña su modelo con una brújula que permite orientarlo correctamente. «Algunos usuarios han logrado un fuerte incremento de su sensibilidad, sobre todo en cuanto a la percepción extrasensorial y los poderes telepáticos. Otros muestran una superación radical de la depresión, agudización del intelecto y asombrosos efectos rejuvenecedores». El modelo cuesta 19,95 dólares, cinco centavos menos que el modelo Edmund.

En *Science Digest* (marzo de 1975, pág. 91) se promocionaba una «carpa piramidal orgonal». Se vende en modelo de plástico, «listo para armar», e incluye una «brújula y un programa de meditación». La más grande cuesta 40 dolares. El aviso fue puesto por un tal J. Kennedy, de Biloxi, Misisipí. Sensonics Ltd., de Maitland, Florida, vende el modelo más grande —unos quince metros de altura— y publica un periódico llamado *Boogie-on,* sobre los avances en sus investigaciones.

El principal periódico dedicado al poder piramidal es *Pyramid Guide,* revista bimestral que se publica desde septiembre de 1972. Sus directores son Bill Cox y Georgiana Teeple, dueños de El Cariso Publications, de Elsinore, California. En las páginas de la guía se explican las relaciones entre el poder piramidal y los zahoríes, la reversión del tiempo, el orgón, la máquina de El Bosco, la psicometría, la levitación, la meditación, el biorritmo, el motor de Keely, la colorterapia, la teosofía, las aureolas, la fotografía de Kirlian y, desde luego, la percepción extrasensorial en todos sus aspectos.

Según las investigaciones de El Cariso, las pirámides mejoran la recepción televisiva, recargan las pilas de linterna y provocan la levitación de la mano. Incluso afilan las afeitadoras *eléctricas.* La misma empresa vende los caños de una carpa «sin paneles», es decir, las ocho aristas de la pirámide. El poder «se genera en las canaletas y esquinas sin perder energía». Esta energía es la equivalente de la «fuerza odínica» del Barón von Reichenbach y del orgón de Wilhelm Reich. Uno de los lectores dice que pudo afeitarse más de cien veces con una Gillette azul, por haberla guardado en su caja orgánica. La caja, agrega, es mucho mejor que la pirámide porque no es necesario orientarla hacia el norte.

Otro producto de El Cariso es un cono metálico tan efectivo como la pirámide, un «aureolómetro» que funciona como vara divinatoria para la búsqueda de agua y unos letreros autoadhesivos que dicen: «No es necesario ahorrar la energía piramidal. La fuente es ETERNA, las reservas son INFINITAS». Según la revista, el reverendo John D. Rankin, pastor de la Unity Church de Houston, ha construido una Iglesia Piramidal de aluminio anodizado donde se reúne con su congregación para meditar.

El poder piramidal alcanzó un gran auge en Canadá, en 1976. Según Wayne Lilley (véase «The Pyramid Pushers» (Los pregoneros de pirámides), *Financial Post Magazine,* Toronto, abril de 1976, págs. 19-24), media docena de empresas de la zona de Toronto fabrican modelos de la pirámide en todos los tamaños para satisfacer la demanda creciente. Los fabricantes afirmaban que la influencia de la pirámide sobre el crecimiento de las plantas había sido verificada en la prestigiosa facultad de agronomía de la Universidad de Guelph, pero ante una consulta de Lilley los profesores de la institución lo negaron tajantemente. Al contrario, dijeron: sus experimentos demostraban que las pirámides no tenían la menor influencia sobre el crecimiento de las plantas. Los rumores de que la NASA norteamericana estaba realizando investigaciones con pirámides fueron desmentidos por la propia agencia aeroespacial.

Uno de los promotores más entusiastas del poder piramidal en Canadá es Red Kelly, director técnico del equipo de hockey sobre hielo Maple Leafs, de Toronto. Cuando su hija se curó de sus jaquecas colocando una pirámide bajo su almohada, Kelly decidió colgar pirámides del techo y bajo los bancos del vestuario. En el *Globend Mail* de Toronto, 24 de abril, aparece una fotografía de Red Kelly con una pirámide en la cabeza. La página deportiva del *Star* de la misma fecha incluye una nota sobre «Pyramid Power: Extra Energy Flows to Leaf Players» (El poder piramidal: los jugadores del Leaf reciben mayor dosis de energía).

Cualquiera diría que las únicas que publican artículos sobre el poder piramidal son las revistas de mala suerte tipo *Fate,* o las publicaciones baratas como el *Pyramid Guide,* pero no es así. El *New York Times* (20/4/74) dedica la mitad de la sección familiar a una nota sobre el joven arquitecto Michael Reynolds, de Taos, Nuevo México. Reynolds duerme dentro de un gran modelo de pirámide. Al principio tuvo destellos precognitivos sobre visitas de amigos y más adelante, por las madrugadas, empezó a escuchar «silbidos agudos».

Tuvo extraños sueños en colores. «Son tan nítidos —dijo— como las imágenes en un televisor mal sintonizado. Me imagino que la Pirámide de

Keops debe de funcionar como un televisor bien sintonizado». Gracias a la pirámide aumentó su vitalidad y pudo reducir sus horas de sueño.

Posdata (1985)

El neurólogo de Flanagan fue objeto de encendidos elogios en la columna «Alternate View» de *Analog Science Fiction,* en dos ocasiones (julio de 1979 y febrero de 1980). Su autor, G. Harry Stine, relata su visita al laboratorio de Flanagan en Tucson, Arizona, donde asistió a pruebas con una versión mejorada del neurófono. Convencido de que no hay «fraude», Stine afirma: «Me importa un comino lo que dicen esos falsos especialistas en sus indignadas e insolentes cartas a la revista». Agrega que ha archivado esas cartas bajo el rótulo de Pura Cháchara. Eso deriva de la célebre declaración del astrónomo Sir Richard van der Riet Wooley, al asumir sus funciones de Astrónomo Real de Inglaterra en 1956: «Los viajes espaciales son pura cháchara». Quien desee conocer más detalles sobre el neurófono puede solicitarlos a la Oficina de Patentes de Estados Unidos, mencionando las patentes 3.393.279 (16/7/68) y 3.647.970 (7/3/72). En 1984 la dirección de Pat era 7 Commercial Blvd, Novato, Ca 94947. A su pedido le enviará la edición más reciente del Flanagan Research Report, su nuevo libro llamado *Pyramid Power II* y un catálogo de artefactos capaces de incrementar los poderes telepáticos, revigorizando la vida sexual y revertir el proceso de envejecimiento.

SIETE

I. Aplicando la norma convencional de que no se permiten números que empiecen con 0, la única solución del criptograma aritmético de Alan Wayne es:

$$942 + 942 + 942 = 1413 + 1413$$

El número 1413 contiene los cuatro primeros dígitos de pi en orden inverso; $942/3 = 314$, los tres primeros dígitos de pi.

Si se permiten números que empiecen con 0, existe otra solución: $472 + 472 + 472 = 0708 + 0708$. Terry Terman y Daniel S. Marcus observan que $472 \times 3 = 1416$, es decir, los cinco primeros dígitos de pi (el signo igual reemplaza a la coma y el último dígito está redondeado). Herb Freedman agrega que $472 = 314 + 158$, ecuación en la cual los seis números a la derecha del signo igual coincidirían con los seis primeros dígitos de pi si el último fuera 9 en lugar de 8.

II. Para hallar las treinta y seis formas del cuadrado hueco de 144.000 santos se procede de la siguiente manera. Sea a el lado del cuadrado, b el lado del hueco cuadrado interior; calcúlense los enteros positivos que satisfagan la ecuación diofántica $a^2 - b^2 = 144.000$. El valor menor de a es 380, lo que da un cuadrado hueco de lado 20.

Webb Simmos desarrolló una explicación del cuadrado perfecto de la visión de la señora White, que no requiere un hueco. Tal vez los santos ocupaban una formación trapezoide de 375 hileras, 197 en la primera, 198 en la segunda y así sucesivamente hasta la última, de 571. Si la señora White contempló el trapezoide desde las alturas, la visión en perspectiva le hizo creer que era un cuadrado sólido perfecto.

III. El problema de los cuatro enteros positivos distintos con los cuales se pueda formar una fracción compleja *(a/b)* / *(c/d)* que sea igual a *(d/c)* / *(b/a)* es una broma. Se puede demostrar fácilmente que las dos expresiones son equivalentes, cualesquiera sean los números que reemplacen a las letras.

Los caprichosos comentarios del doctor Matrix contienen muchas bromas numéricas. Cuando dice, por ejemplo, que 491 (el pecado que no será perdonado) es igual a la diferencia entre los cuadrados de dos enteros consecutivos, debería agregar que *cualquier* número impar es igual a la diferencia entre los cuadrados de dos enteros consecutivos.

IV. La respuesta del primer acertijo es DAVID; la del segundo es la esposa de Lot. El jeroglífico significa «no e», es decir, Noé. Según Dmitri Borgmann existen muchos jeroglíficos de una sola letra con personajes de la Biblia, como ¡G! = G ¡sus! (Jesús); ← *B* = Acá b (Acab), etcétera.

OCHO

I. ¿Cómo desapareció la copa de vino del doctor Matrix? La copa era de hielo, el doctor Matrix la guardaba dentro de un molde en una congeladora hasta la hora de actuar. En el centro de la mesa había un disco metálico ligeramente cónico, colocado sobre la pata central hueca. El disco estaba conectado a la red de electricidad y se calentaba cuando el doctor Matrix oprimía un interruptor oculto en su escritorio. Al derretirse la copa, el agua y el vino caían dentro de la pata de la mesa.

II. Veamos una sencilla demostración de que la fórmula recursiva $(b + 1)/a$ genera un ciclo de números de período 5. Sea a el primer número de la serie y b el segundo. Cuando se aplica la fórmula en forma recursiva, el tercer número es $(b + 1)/a$, el cuarto es $(a + b + 1)/ab$, el quinto es $(a + 1)/b$, el sexto es a y el séptimo es b.

Sam Dalal, el mago de Calcuta, existe. Me dio permiso para mencionarlo en la columna, y gracias a ello aumentó la circulación de su revista *Mantra.* Cuando apareció la nota, Sam me refirió otro método para hacer desaparecer la copa de vino. En *Dunninger's Complete Encyclopedia of Magic* se sugiere que la copa a derretir sea de cera en lugar de hielo. El método aquí descrito me fue revelado por el célebre mago Okito, a quien conocí en Chicago cuando ya se había retirado de su profesión. Dijo que lo había visto en la casa de un aficionado europeo, posiblemente el inventor del truco.

Otro método ingenioso de realizar este truco consiste en emplear una copa de vidrio que posea el mismo índice de refracción que el agua. Colocada el agua, la copa se vuelve invisible. El mago muestra la pecera de vidrio transparente que parece contener sólo agua. La cubre con una tela y saca la copa, llena de agua. Antes de levantar la tela el mago echa en la copa una pastilla de colorante rojo.

Olvidé señalar en la columna que la risa nonésica consiste en repetir la *e*, la quinta letra del alfabeto, cinco veces. Es de notar que *e* es también un famoso número trascendental.

Sam Dalal, mi amigo de Calcuta

La pintura de Charles Demuth del número 5 se encuentra en el Metropolitan Museum of Art de Nueva York. El autor se inspiró en un breve poema de William Carlos Williams:

Among the rain
and lights
I saw the figure 5
in gold
on a red

firetruck
moving
tense
unheeded
to gong clangs
siren howls
and wheels rumbling
through the dark city.

(Entre la lluvia y las luces vi el número 5 en oro sobre una autobomba roja, tensa e indiferente al son de campanas, al ulular de las sirenas y al traqueteo de las ruedas por la ciudad a oscuras).

Cabe notar que el poema tiene treinta palabras, sin contar el número. Treinta es el producto de 5 y 6; el poema contiene cinco palabras de seis letras. Para más información sobre el 5, véanse: Oster, G.: «The Prevalence of Fives», *Natural History*, marzo de 1975, y Barnett, I. A.: «The Ubiquitous Number Five», *Mathematics Teacher*, abril de 1968. Acerca del teorema de que el número de divisiones necesarias para obtener el máximo común divisor de dos números es igual al número de dígitos del menor multiplicado por cinco, véase la elegante demostración de Howard Grossman en *American Mathematical Monthly*, vol. 31, 1924, pág. 443. Véase también Sierpinski, W.: *Theory of Numbers* (1964), págs. 21-22 y Honsberger, R.: *Mathematical Gems II* (1976), cap. 7.

Es verdad que algunas ragas hindúes dan la impresión de un ritmo que se vuelve más y más rápido pero en realidad no se acelera. La técnica para crear esta ilusión fue descubierta por Ken Knowlton, del laboratorio Bell. El compositor norteamericano Elliot Carter la utilizó en algunas de sus obras. Esta ilusión es una analogía rítmica de otra, en la cual el tono parece subir constantemente, descubierta por Roger N. Shepard cuando trabajaba en el laboratorio Bell. La llamada «octava interminable» de Shepard utiliza notas discretas, pero Jean-Claude Risset descubrió la manera de lograrlo con un glissando en continuo ascenso (o descenso).

Graham Holmes, ingeniero de Clarkson College, señaló en una carta que el doctor Matrix produciría el sonido de un aplauso con una mano si fuera capaz de moverla y detenerla con la suficiente rapidez. Es así como se produce el chasquido del látigo.

Quentin G. Furlow señaló una propiedad notable del 5 en la geometría de dimensiones superiores.

Una esfera unidimensional de diámetro igual a la unidad (un segmento de recta) cabe dentro de una «esfera» bidimensional (círculo) del mismo diámetro, y ésta dentro de una bola dimensional espacial. La bola cabe dentro de una hiperesfera tetradimensional y ésta en una hiperesfera pentadimensional. Pero aquí sucede algo asombroso. La hiperesfera hexadimensional, y las de orden superior, ¡caben en la esfera pentadimensional! Dicho de otra manera, la esfera pentadimensional es, en cierto sentido, la mayor hiperesfera de diámetro igual a la unidad.

Los lectores aficionados a la Meditación Trascendental, la percepción extrasensorial y la cientología habrán reconocido mis juegos de palabras relacionados con estos cultos. Bagel Lox, de Dr. Pepper, es en realidad Donald Cox, ex vicepresidente de Coca Cola y presidente de uno de ellos. El Océano Nonésico es el que cruza Dorothy con su gallina amarilla a bordo de una balsa en *Ozma of Oz.*

El método del doctor Matrix, de partir de los dos números *a* y *b* y aplicar la función $(b + 1)/a$ (donde *a* y *b* se refieren a los dos términos anteriores de la serie tal como la genera la fórmula), conduce al investigador a un vasto campo, lleno de problemas aún no resueltos. En general se trata de hallar una función racional que se pueda aplicar recursivamente a *n* variables y se vuelva periódica en un número máximo de pasos. El problema general, de aplicación en tecnología de la comunicación telefónica, fue desarrollado por dos matemáticos del laboratorio Bell, Robert P. Kurshan y Bhaskarpillai Gopinath, en «Recursively Generated Periodic Sequences», *Canadian Journal of Mathematics,* vol. 26, 1974, págs. 1356-71, y por J. H. Conway y R. L. Graham en «On Periodic Sequences Defined by Recurrences», informe inédito para el laboratorio Bell.

La fórmula de dos variables que se vuelve periódica en cinco pasos fue publicada por R.C. Lyness en *Mathematical Gazette,* vol. 26, 1942, pág. 62 (véase otra nota de Lyness en vol. 29, 1945, pág. 251 de la misma publicación). No se conocen funciones recursivas racionales para dos variables periódicas de ciclos más largos.

No es necesario limitar las dos variables a números reales positivos. Un número o los dos pueden ser negativos (siempre que se excluya el cero o cualquier paso de división por cero) o incluso números complejos.

La fórmula más sencilla de este tipo para una variable es 1/a, cuyo período es 2. Con 1/(1/a) se obtiene el período máximo de 3. Basta partir de cualquier número significativo, real o complejo, restarlo de 1, hallar la recíproca y repetir la operación dos veces más para volver al punto de partida.

El ciclo más largo que se conoce para tres variables es 8, dado por la función recursiva (1 + *b* + *c*)/a. Las letras representan, claro está, los últimos tres términos de la serie generada en forma recursiva. Así, si *a* = 1, *b* = 2, *c* = 3, la serie es 1, 2, 3, 6, 5, 4, 5/3, 4/3, 1, 2, 3... El ciclo más largo con cuatro variables es 12. Se genera mediante *ad/(ac* – b), fórmula descubierta por Conway.

Una interesante carta de Andrew Lenard, de la Universidad de Indiana, señala que la fórmula de cinco pasos para dos variables equivale a una relación de puntos sobre el plano proyectivo real y las simetrías cíclicas de sus razones cruzadas. Cuando le comentó este hecho al geómetra canadiense H. M. S. Coxeter, éste le dijo que había redescubierto un teorema de Gauss de cinco ciclos y su demostración proyectiva.

Para la antigua religión hindú, Shiva es una de las tres manifestaciones de Brahman, máximo incomprensible fundamento del ser. Las otras dos manifestaciones son Vishnu y Brahma. Mientras Vishnu duerme sobre el cuerpo de la cobra (*shesha*), de su ombligo crece un loto. Del pimpollo del loto surge Brahma, creador del universo. Shiva destruye el universo, el cual es absorbido por Vishnu, quien duerme durante una «noche de Brahma», equivalente a 4.320.000.000 años humanos. El proceso se repite y cada universo dura un «día de Brahma», cuya duración es igual a la de la «noche». Un «año de Brahma» equivale a 360 «días». Después de 100 «años» de Brahma, Brahma absorbe a Vishnu y durante 100 «años» sólo existe Brahman. Luego aparece un nuevo Vishnu.

Nos encontramos en el quincuagésimo año de nuestro Vishnu. La concepción de que nada existe en realidad porque el universo es un sueño, es defendida con sorprendente elocuencia por Mark Twain en las últimas páginas de *The Mysterious Stranger.*

NUEVE

I. Se trata de demostrar que ningún número que empieza con 9 y está formado por dígitos en orden consecutivo descendente (con o sin 0) puede ser primo. Todos los primos salvo el 2 terminan en 1, 3, 7 ó 9, porque si el último dígito es par, el número es divisible por 2, y si es 5, el número es divisible por 5. Sumando los dígitos y extrayendo la raíz digital se demuestra que una serie terminada en 1, 3, 7, ó 9 debe tener una raíz digital de 3, por lo cual el número es múltiplo de 3.

II. En la lista alfabética de los nombres en castellano de los números 0 a 1000, el anteúltimo es el trescientos treinta y uno.

III. En la lista alfabética de los número romanos de 1 a 100, el último es XXXVIII, es decir, 38.

IV. El número más pequeño que contiene las cinco vocales y la *y* es el treinta y cuatro.

V. En la serie $10^{0.60206}$, 10^{12}, $10^{0.69897}$... el elemento siguiente es $10^{0.30102}$, vale decir, 2. El primer elemento es «cuatro», el menor entero positivo cuyo nombre contiene la letra *a;* el segundo es «un billón», el menor que contiene la *b;* el tercero es «cinco», que contiene la *c* (sin contar el cuatro, que inicia la serie); el cuatro es «dos», que contiene la *d.*

VI. La Figura 27 muestra cómo disponer las letras minúsculas en tres cubos para formar las tres primeras letras de cada mes. Esto es posible porque *u* y *n, p* y *d* son recíprocamente inversas.

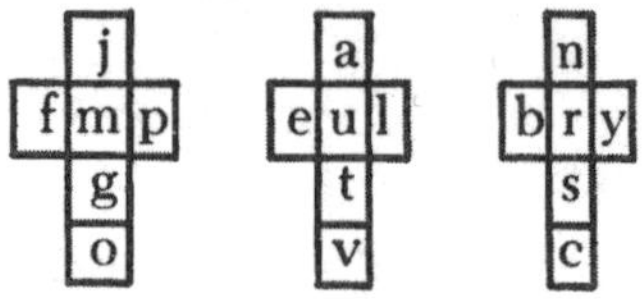

Figura 27. Solución del problema del calendario

Los lectores señalaron otras inversiones que se pueden aplicar: la *b* invertida parece una g y la *a* invertida parece una *e*. Además si se le da un cuarto de vuelta a la *u*, se obtiene la *c*. Con ello se resuelve el problema empleando sólo cinco caras de cada dado, quedando las sextas caras libres para poner dibujos. Uno de los dispositivos posibles es el siguiente:

Dado 1	*Dado 2*	*Dado 3*
j	a, e	u, n, c
m	u, n, c	f
p, d	v	r
g, b	l	y
o	t	s

En un comentario sobre el problema 3, el genético israelí Uzi Ritte me dijo que si se escriben los nombres hebreos de los números 1 a 999 en orden alfabético, el primero es el 1 y el último el 999.

David Emmanuel cuestiona la afirmación del doctor Matrix de que los teoremas numerológicos son tan numerosos como los números primos. En realidad son *más* numerosos, afirma. Los primos son infinitos pero contables (se puede establecer una correspondencia de uno a uno entre ellos y los números cardinales), mientras que los teoremas numerológicos son, como los números reales, incontables e infinitos.

Los siguientes artículos, publicados en el *Journal of Recreational Mathematics,* tratan de números primos con dígitos en orden cíclico ascendente o descendente:

Madachy, J.: «A Consecutive-Digit Prime», vol. 4, abril de 1971, pág. 100.

Madachy, J.: «Consecutive-Digit Primes-Again», vol. 5, octubre de 1972, págs. 253-254.

Finkelstein, R. y Leyboum, J.: «Consecutive-Digit Primes (Round 3)», vol. 6, julio de 1973, págs. 204-206.

Steiner, Ray P.: «Consecutive-Digit Primes (Finale)», vol. 10, n° 1, 1977-78; págs. 30-31.

En marzo de 1978 di a conocer el notable descubrimiento de Alan Cassel, de que la serie 123456789 repetida siete veces y terminada en 1234567 es un seudoprimo, y la probabilidad es de un trillón a uno a favor de que sea un auténtico primo. En diciembre del mismo año informé que el físico R. E. Crandall y el especialista en computación Michael A. Penk demostraron que ese número de setenta dígitos es, efectivamente, primo, el más grande que se conoce.

Harry Nelson (*Journal of Recreational Mathematics*, vol. 10, n° 1, 1977-78, pág. 33) formuló un problema interesante con el número formado por la serie de dígitos 123456789101112131415... Si se lo toma como fracción decimal, es un número trascendental. Si se lo corta en algún punto, ¿es primo alguna vez? Nelson llegó hasta 24 decimales sin encontrar un primo, y conjetura que es imposible hallar una respuesta concreta.

Se pueden formular interrogantes similares acerca del carácter de primo de los primeros *n* dígitos de cualquier número irracional. En el caso de pi se conocen cuatro primos: 3, 31, 314159 y el 3 14159 26535 89793 23846 26433 83279 50288 41.

Robert Baillie y Marvin Wunderlich demostraron que era primo, en 1979. Baillie siguió trabajando con pi hasta el 432° decimal sin encontrar otro primo. ¿Existe un quinto? Probablemente sí, pero pasará mucho tiempo antes de que lo descubran.

Entre las palabras formadas con las iniciales de los diez dígitos tenemos algunas de cinco letras, como «todos» y «nudos»; de seis letras, como «toscos» y «doctos», y de siete, como «dudosos» y «nudosos».

Después de *The Jupiter Effect*, en el cual vaticinó la destrucción de Los Ángeles para 1982, John Gribbin escribió un libro todavía más gracioso, *The Jupiter Effect Reconsidered* (Vintage, 1982), del cual escribí una reseña. Véase «The Gribbin Effect», *Order an d Surprise*, capítulo 39.

El vaticinio de Gribbin era seudocientífico, pero las predicciones de terremotos por sedicentes telépatas son tan numerosas que se necesitaría un libro para reproducir sus nombres. Desde luego que, en virtud de la ley de probabilidades, algún telépata acertará algún día con la hora y el lugar de un gran terremoto. Cuando ello suceda los creyentes en la precognición quedarán sumamente impresionados y el telépata en cuestión se volverá famoso del día a la noche. Desgraciadamente, hasta el momento, los vaticinios de estas personas han fracasado rotundamente o bien han sido tan vagos como para resultar inútiles. Esto me parece extraño. Si se puede predecir un asesinato o la caída de un avión, parecería que la muerte repentina de decenas de miles de personas debería enviar una onda mucho más fuerte atrás en el tiempo.

Cuando le pregunté al doctor Matrix por qué había fracasado su vaticinio, me dio la siguiente explicación. Mintió cuando me dijo que sería un temblor leve. En realidad sus cucarachas predecían una catástrofe que devastaría a Los Ángeles y San Francisco y mataría a millones de personas. No me lo dijo por temor a que yo lo revelara, lo cual provocaría una ola de pánico.

Sin embargo, la predicción del doctor Matrix llegó a oídos de Jerry Brown, el gobernador de California, quien lo convocó de inmediato. Al gobernador le había impresionado mi idea de que el temblor podía ser provocado por la suma de los poderes PC de las cucarachas. Seguramente, dijo, el poder de las cucarachas era ínfimo con el de seres humanos de poderes telepáticos. El doctor Matrix coincidió con él.

Los dos advirtieron al gobierno de Estados Unidos, y la CIA puso manos a la obra. El plan, desde luego, era ultrasecreto: aquí lo revelo por primera vez. El columnista Jack Anderson, célebre por su revelaciones sobre Watergate, recibió la información pero aceptó mantener silencio. La CIA trajo a Standford a los telépatas más poderosos del mundo. Trajeron a Nina Kulagina desde Moscú, Uri Geller desde México, Ingo Swann desde Nueva York y Jean-Pierre Girard desde París. No pudieron ubicar a Ted Serios, pero en Tokio apareció un chico japonés capaz de proyectar sus pensamientos en una película Polaroid. Durante siete días los supertelépatas concentraron su energía psíquica en la falla de San Andreas. Poco a poco la tensión mecánica acumulada se disipó, y el pliegue de Palmdale disminuyó. Así se salvaron Los Ángeles y San Francisco. El gobernador Brown también cumplió un papel importante, ordenando una campaña de exterminio de las cucarachas en su Estado.

—¿Devolvió el dinero a los clientes que habían adquirido la predicción? —le pregunté al doctor Matrix.

—¡Claro que no! —replicó, indignado. Pagaron, y recibieron una predicción genuina. Tanto da culparme a mí por el final feliz, como culpar a Jonás de equivocar su profecía porque Yahvé decidió a último momento no destruir Nínive.

Al lector que le parezca ridículo emplear las cucarachas para pronosticar un terremoto le recomiendo el capítulo sobre el tema en el libro de Jerry Goodman, *We Are the Earthquake Generation: When and Where the Catastrophes. Will Strike* (Seaview Books, 1978). (Somos la generación de los terremotos: Cuándo y dónde nos azotará la catástrofe). El doctor Goodman es un destacado arqueólogo telepático que utiliza su poder psi para hallar ruinas. «Algún día una cucaracha salvará tu vida», dice. Admite que las pequeñas criaturas suelen reaccionar ante los leves temblores que preceden a los terremotos, pero considera que «tal vez el campo más fértil para la investigación en este terreno sea la percepción extrasensorial, en lugar de los sentidos físicos». Concluye que

> «Los animales parecen estar muy bien dotados en materia de precognición. Esto es justamente lo que necesitamos para nuestras investigaciones sobre los terremotos... Aunque parece irónico, la investigación de la capacidad de los animales para percibir los terremotos, que ahora está en boga entre los científicos, nos obliga a recurrir a los telépatas y sus poderes extrasensoriales para pronosticar los temblores».

El clásico estudio de Helmut Schmidt sobre la PC de las cucarachas es «PK Experiments with Animals as Subjects», *Journal of Parapsychology*, vol. 34, 1970. Véanse también otros artículos de Schmidt en ediciones posteriores de la misma publicación. Louisa E. Rhine dedica un capítulo a los experimentos de Schmidt con las cucarachas en su libro *Psi, What Is It?* (Harper & Row, 1975, cap. 17). A pesar de las intenciones de la autora, su lectura es francamente desopilante.

Los experimentos más importantes con la PC animal después de los de Schmidt fueron realizados en el laboratorio de Rhine, por su director Walter J. Levy (cuyo nombre parodio en la columna). Como saben todos los aficionados a la parapsicología, el doctor Levy fue denunciado como un farsante, renunció y desde entonces no se ha vuelto a saber de él.

DIEZ

I. Yo hallé en inglés la palabra *inkstand* (tintero), pero muchos lectores hallaron otra palabra usual: *prankster* (bromista). Otros enviaron términos arcaicos, hallados en el Oxford English Dictionary, tales como *clinkstone, pinkster, sinkstone* y *pinkstone* (respectivamente, perlita, pascua, ancla y antracorita).

II. Yo había pensado en la palabra inglesa *crankshaft* (cigüeñal), pero los lectores aportaron *bankshare, monkship, monkshood* y *tankship* (respectivamente, acción bancaria, frailesco, napelo y buque tanque).

Algunos lectores formaron oraciones con las palabras de la solución. La carta de Jim Rector termina *«No thankstoyou, I thinkstoomuch»* (me devano los sesos por culpa de usted).

III. Si se separan los enteros positivos en conjuntos de números pares e impares, la suma de dos números dentro de cualquiera de los conjuntos dará un número par mayor de dos; por consiguiente, no puede ser primo.

IV. El número en cuestión es 381-65-4729. Si se añade 0 al final, se obtiene el único número de diez dígitos del 0 al 9 divisible por 10.

Decenas de lectores insistieron en sus cartas que el 381654729 no era la única solución, y ofrecieron otras. Después de pensarlo un poco comprendí qué había pasado. Habían hecho sus cuentas con una calculadora de bolsillo de ocho dígitos, y al dividir el número de ocho dígitos por 8, ¡no habían verificado con lápiz y papel si quedaba un resto! (Digamos de paso que un número de muchos dígitos es divisible por 8 si y sólo si los tres últimos dígitos lo son). Otros lectores supieron demostrar correctamente que el 381654729 era la única solución, sea mediante una computadora o bien aplicando las reglas elementales de divisibilidad.

Michael R. Leuze empleó una computadora para buscar soluciones al problema en sistemas numéricos no decimales. Descubrió que no existe solución en los sistemas de base 12 o impar. Para la base 2 sólo existe la solución trivial 1. Para la base 4 existen dos soluciones: 123 y 321; para la base 6, 14325 y 54321; para la base 8, 3254167, 5234761 y 5674321. Para la base 14, como la 10, existe una sola solución: 9 12 3 10 5 4 7 6 11 8 1 2 13. David M. Sanger formuló un problema más general: cuáles son los números cuyos *n* primeros dígitos son divisible por *n*, sin otra restricción. Con su programa pudo descubrir todos, desde 45 números de dos dígitos (excluyendo los que comienzan con 0) hasta un solo número de 25 dígitos:

3.608.528.850.368.400.786.036.725

Puesto que no se puede agregar un 26° dígito para formar un número divisible por 26, la serie termina allí. Existen 2492 números de diez dígitos; el menor es 1.020.005.640, el mayor es 9.876.545.640. Un número que vale la pena anotar es el 3.000.060.000. La cantidad de números va en aumento desde $n = 2$ hasta $n = 9$ y $n = 10$ (2492 en ambos casos), pero luego disminuye. Para $n = 25$ la cantidad de números es 44, 18, 12, 6, 3 y 1 respectivamente.

Allen Tarr, de Winnipeg, descubrió una asombrosa relación entre el *lo shu*, el antiguo cuadrado mágico chino, y el número 381654729. La Figura 28 lo explica claramente.

Warren Holland dice que ese número no puede corresponder al seguro social porque cuando los dígitos cuarto y quinto son mayores de 09, los dos son pares. Dice que ésta es una de las normas para identificar los números del seguro social, y cita una serie de referencias que no he podido verificar.

Leuze envió un análisis exhaustivo del problema en sistemas con bases negativas. Otro artículo que trata el problema en sus aspectos generales es Mechette, S.: «Progressively Divisible Numbers», *Joumal of Recreational Mathematics*, vol. 15, n° 2, 1982-83, págs. 119-122. El problema reapareció en «What's In a Number?, *Mathematical Gazette*, vol. 67, diciembre de 1983), págs. 281-282. Una nota del editor dice que cuando el problema apareció en el *Sunday Times* de Londres en 1982, muchos lectores furiosos cometieron el mismo error que los de mi columna: ¡se quejaron de que la respuesta no era única porque la habían calculado con una computadora de ocho dígitos!

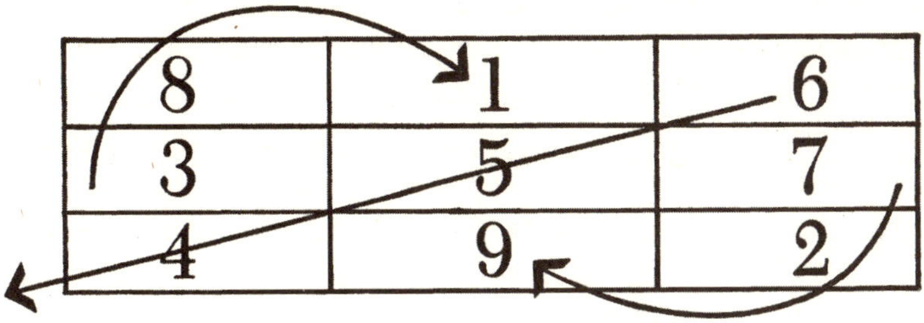

Figura 28. Cómo se genera el 381 654 729
a partir del cuadrado mágico de tercer orden

Jaime Poniachik (la persona que planteó el problema en mi columna) dice que su creadora es Lea Gorodsky, su esposa, que colabora con él en *Snark*. Esta revista ya no se publica, pero fue sucedida por la revista *Juegos*. Poniachik es uno de los jefes de sección. Es una revista sumamente divertida, llena de caricaturas cómicas, muchas de ellas relacionadas con acertijos y juegos matemáticos.

V. A continuación se reproduce una solución al problema de los seis caballos, en 16 movidas. Las hileras están numeradas de 1 a 4, de abajo hacia arriba, y las columnas están indicadas de izquierda a derecha con las letras *A, B, C*.

1. A1-C2
2. C2-A3
3. B4-C2
4. C2-A1
5. C1-A2
6. A2-B4
7. A4-C3
8. C3-A2
9. A2-C1
10. B1-C3
11. C3-A4
12. A3-C2

13. C4-A3
14. A3-BI
15. C2-A3
16. A3-C4

Alan Delahoy fue el primero de varios lectores que demostraron que el problema de los caballos se resuelve con un mínimo de 16 movidas. Algunas de las demostraciones partieron de expresar el problema en un gráfico de 12 puntos, tal como se explica en mi libro *Aha! Insight* (1977). Al expresarlo de esta forma, se demuestra fácilmente que la solución requiere un número par de movidas no menor de 14. (Si el tablero tiene tres caballos en un extremo, se necesitan siete movidas para llevarlos hasta el otro). Ahora queda por demostrar que 14 movidas son insuficientes. La clave para reducir las 18 movidas a 16 es comprender que el retroceso de un caballo —devolverlo al casillero anterior— abre paso a otro caballo. Todas las soluciones de 16 movidas comparten esta característica.

Howard Rumsey Jr. demostró con una computadora personal que se puede llegar del punto de partida a cualquier disposición de los seis caballos en 22 movidas o menos. Desde cualquier disposición se puede llegar a cualquier otra en no más de 26 movidas. Rumsey halló siete pares de soluciones (sin contar las simétricas) para trasladar los caballos de un lugar a otro cualquiera en 26 movidas.

James G. Mauldon sugirió la variante de reemplazar el caballo central de cada color por un rey que se desplaza como un caballo y agregar la condición de que los reyes intercambien sus lugares. Halló una solución en 26 movidas. Si se colocan caballos en los dos casilleros centrales, para jugar con cuatro piezas de cada color, la solución se logra en 12 movidas. Mauldon agregó la condición de que los ocho caballos estén apareados con respecto a la línea central horizontal del tablero y se intercambien todas las parejas. En su opinión, la solución de esta variante requiere 36 movidas. Halló una solución en 44 movidas al problema de aparear los caballos que ocupan posiciones simétricamente opuestas con respecto al centro del tablero, pero luego Craig Collins la redujo a 40 movidas.

Henry Emest Dudeney planteó el problema en *The Canterbury Puzzles* (1907) con la condición adicional de que se deben alternar los movimientos de las piezas blancas y negras, como en el ajedrez. Su propia solución es la mejor: 22 movidas.

George Starbuck halló otro monosílabo de diez letras: *schnappsed* (emborracharse con ginebra), pero fue superado por su amigo William Harmon (los dos son poetas) con el monosílabo de 11 letras *broughammed* (viajar en berlina), palabra que para algunos diccionarios es bisílaba.

La explicación que dio el robot de porqué una persona no puede tener un tercio de ascendencia escocesa, un tercio china y un tercio húngara fue objeto de críticas valederas. Acertaron los lectores que rechazaron la solución del robot, que se basa en presunciones falsas, principalmente la de que todos los progenitores son de sangre pura. Esto es absurdo en la vida real, como se demuestra al trazar el árbol genealógico de cualquier persona hasta un par de generaciones atrás.

ONCE

Los precios de las cuatro baratijas que compró Iva en el Gran Bazar son 1, 1,50, 2 y 2,25 dólares. La suma y el producto de este conjunto son 6,75 dólares. Si no se hubiere aclarado que el precio de los aretes fue de 1 dólar, existiría otra solución al problema: 1,20, 1,25, 1,80 y 2,50. Esté problema, planteado por Kenneth M. Wilke *(Crux Mathematicorum,* vol. 4, junio de 1978) es una variante de otro planteado por David A. Grossman: véase Graham, L. A.: *Ingenious Mathematical Problems and Methods* (Dover Publications, 1959, problema n° 65). En la versión de Grossman la suma y el producto son 7, 11 y el conjunto único comprende los precios 1,20, 1,25, 1,50 y 3,16.

La manera más sencilla de dividir un cubo en tres cuerpos congruentes es dividirlo en tres tajadas paralelas. Cuando di esta respuesta absurda, cometí la torpeza de afirmar que no conocía otra solución. Muchos lectores se precipitaron a señalar mi error.

John E. Morse envió la solución más general. Si se sostiene al cubo de manera tal que uno de sus vértices apunta hacia uno y el contorno parece un hexágono regular, aparece la simetría tridimensional del cuerpo. Gracias a esta simetría existen infinitas maneras de dividir el cubo en tres cuerpos congruentes. Las superficies pueden ser planas o curvas de cualquier tipo y se pueden diseñar trisecciones extrañas, cuya trabazón es tan intrincada que es imposible separarlas.

En la Figura 29 se muestra cómo rotular los vértices del cubo con los números 0 a 7 de manera tal que la suma de los dos vértices de una arista cualquiera es un número primo. Si se excluyen las rotaciones y reflejos, la solución es única. No es difícil demostrar que no existe solución cuando se emplean ocho enteros consecutivos a partir de un número mayor de 0. Este problema fue creado por Garry Goodman.

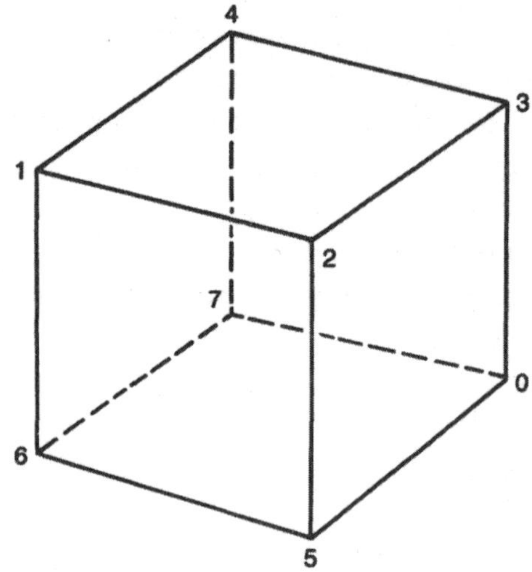

Figura 29. Solución del problema de rotulación del cubo

Bennett Bataille sugiere un problema complementario. ¿Pueden colocarse los mismos números (0 a 7) de manera tal que cada suma sea un número compuesto? Sí, se puede, y hay una sola solución, pero no la doy para que el lector interesado la descubra. Leslie Card descubrió la manera de rotular los vértices con números cuadrados, todos distintos, de manera que todas las sumas son primos, pero no demostró que la solución era única ni buscó otras.

En cuanto al cubo con bisagras del doctor Matrix, véanse Cundy, H. M. y Rollett, A. P.: *Mathematical Models* (Oxford University Press, 2ª ed., 1961, pág. 122) y las cartas de lectores en *Mathematical Gazzette*, vol. 57, n° 399, febrero de 1973, págs. 66-67; y vol. 57, n° 401, octubre de 1973, pág. 211.

La paradoja de la relación superficie-volumen de la esfera y el cubo es el primer problema de *Science BrainTwisters, Paradoxes and Fallacies*, de Christopher P. Jargocki (Charles Scribner's Sons, 1976). La falacia deriva de aplicar dos significados completamente distintos al símbolo *d.* Para comparar la relación superficie-volumen de la esfera y el cubo se parte de dos cuerpos de volumen idéntico. Un cubo de volumen v tiene una arista de $v^{1/3}$ y una relación superficie-volumen de $6(v^{1/3})^2/v$, es decir, $6/v^{1/3}$.

Una esfera del mismo volumen tiene un diámetro de $(6v/\pi)^{1/3}$ y una relación superficie-volumen de $\pi\,(6v/\pi)^{2/3}/v$, es decir, aproximadamente,

$4,8/v^{1/3}$. Como señala Jargocki, la superficie de una esfera es un 20 por ciento menor que la de un cubo de su mismo volumen. El mismo razonamiento demuestra que, para una superficie dada, el volumen de la esfera es superior al del cubo en un 39 por ciento aproximadamente.

Thomas D. Waugh me hizo llegar el siguiente teorema, que contiene una falacia estrechamente relacionada con la anterior. Si se encierra una esfera de radio *r* en un poliedro, cada una de cuyas caras toca la esfera, la relación superficie-volumen del poliedro, independientemente de su forma o del número de sus caras, es $3/r$. ¡Pero $3/r$ es también la relación superficie-volumen de la esfera! Estas paradojas constituyen una buena introducción a lo que los físicos llaman el análisis dimensional, la técnica de expresar constantes con números sin dimensión, independientemente de las unidades de medida adoptadas.

Como señaló el doctor Matrix, ningún número de más de diez dígitos puede ser un omirp sin-rep, porque los dígitos aparecen más de una vez. Harvey P. Dale y otros señalaron que un número de diez dígitos tampoco puede ser un omirp sin-rep, porque cualquier permutación de los diez dígitos da como suma 45, con una raíz digital de 9. Por consiguiente será múltiplo de 9 y, de ahí, compuesto. El omirp sin-rep más elevado es el 987654320 1.

Pregunté si existía algún omirp cíclico de más de siete dígitos. Joseph Buhler demostró que no existe ese tipo de omirp de ocho, nueve o diez dígitos. Por consiguiente, aparte de los casos triviales de omirp cíclicos de dos dígitos, el único caso que se conoce es el 193939, de seis dígitos. Tal vez sea difícil demostrar que no existen otros mayores.

El doctor Matrix dijo que aún no se había resuelto el problema de determinar el último número de la lista alfabética de los nombres de los primos en inglés. (Véase Wolpow, E. R.: «Alphabetizing the Integers», *Word Ways*, vol. 13, febrero de 1980). Donald E. Knuth, el destacado especialista en computación de Stanford presentó el problema ante un seminario sobre programación. Más de seis estudiantes cada uno por su cuenta, hallaron la solución: dos vigintillones dos undecillones dos trillones dos mil doscientos noventa y tres.

Varios lectores descubrieron la broma en la observación del doctor Matrix, de que el 19 es un primo extraordinario porque es a la vez la suma de 9 y 10 y la diferencia entre los cuadrados de 9 y 10. *Todos* los números impares pueden expresarse como la suma de dos enteros consecutivos y como la diferencia entre los cuadrados de esos mismos números.

El doctor Jalifa no es broma. Es un fervoroso creyente musulmán, convencido de que el Corán fue inspirado por Alá. En 1980 era jefe de Química Forense en Mesa, Arizona. Se recibió de la Universidad Ain Shams, de El Cairo, obtuvo su master en química en la Universidad de Arizona y su doctorado en la de California en 1964. Ha publicado más de veinte trabajos científicos.

El folleto que me mostró el doctor Matrix estaba agotado en 1980. Según Jalifa, sólo contenía algunos de los muchos descubrimientos numerológicos realizados por él. Me envió un trabajo inédito llamado «The Existence of God: Finaly, Scientific Proof» (La demostración científica definitiva de la existencia de Dios). Está convencido de que la «abrumadora presencia» (los términos son suyos) del 19 en el Corán sólo se puede explicar si se acepta el origen divino del libro.

Muchos lectores señalaron que la letra y la música de la balada del epígrafe pertenecen a William Percy French (1854-1920), comediante irlandés del *music-hall.* Un editor de Londres la publicó sin reconocer su autoría; posteriormente aparecieron muchas ediciones piratas y en la actualidad la balada suele aparecer en las antologías como «de autor anónimo». Era muy popular en la Primera Guerra Mundial: los soldados la cantaban, intercalando estrofas obscenas. Fue grabada en los años veinte por Frank Crumit para la RCA Victor.

No existen, que yo sepa, dos versiones idénticas de la balada. Dos versiones con marcadas diferencias, tanto en la letra como en música, aparecen en *Read'em and Weep: The Songs You Forgot to Remember,* de Sigmund Spaeth (1926) y en *The American Songbag,* de Carl Sandburg (1927). Aparentemente, ninguno de estos dos recopiladores sabía que la balada era de origen irlandés. La versión original de Percy French, que empieza «Oh the sons of the prophet are brave men and grim», aparece en *The Best of Percy French,* Londres, EMI Publishing, 1980, y puede solicitarse a la editorial, 138-140 Charing Cross Road, Londres y se reproduce su texto en la versión de *A Treasury of the Familiar,* de Ralph Wood (1948).